译文科学

科学有温度

BORIS CYRULNIK

UN MERVEILLEUX MALHEUR

美妙的不幸

[法]鲍里斯·西吕尔尼克 著
王杨 译

上海译文出版社

目　录

引　言

绝非如您所想的那样：本书并不声称不幸是美妙的。我们只是想知道，当考验来临时，是否只能束手，又靠什么来抗争？

我们以什么角度赞叹那些战胜苦难的儿童

每当我们见到那些童年经受了巨大考验却依然顺利长大的人时，都会发出由衷的赞叹。这种惊叹由来已久，其常规的表述方法揭示了此类问题在被研究以前人们对它们的解读方式。我们之所以“赞叹”是因为他们“战胜”了巨大的“不幸”。“美妙”与“不幸”一早便被联系在了一起①。至于胜利感，那要等受伤儿童在书写了若干人生篇章，回首过去发现自己战胜了不幸之后，才会被观察者发现。

要等到许久以后，我们到了理解事物的含义的年纪，才能给童年所受的打击赋予胜利的意义。然而在遭受打击的那一刻，痛苦和希望两种感觉已经混在一起。受伤之时，沮丧的儿童会想：“总有一天我会摆脱这一切……总有一天我会算这笔账……总有一天我会让他们看看……”与梦想之快乐混合在一起，现实之痛苦才更容易承受。或许正是苦痛激发了想象的需要？“道路越泥泞，精神的拂晓就越值得渴望，对理想的需要也越固执。”②

没有绝对的不幸，也没有绝对的幸福。而时过境迁以后，一旦我们能把所受之不幸讲成故事，赋予所受苦痛以含义，我们就能明白自己是如何将不幸转化为美好的，因为一切受伤之人都不得不进行转变。正如卡特琳·昂若莱所解释的那样：“我学会了将不幸转化为考验，不幸使人低头，考验让人昂首。”③

因此，我们将用两个词来组织我们对那些走出困境、长大成人并回首过往伤痕的人的观察和理解。这两个训练我们眼力的奇怪词汇是：“韧性”（résilience）和“逆喻”（oxymoron）。

“韧性”一词首先出现于物理学，指的是物体抗撞击的能力。彼时这个概念过度强调物质的重要性。进入社会科学后，它指的是“尽管压力或逆境通常最可能导致负面的结局，但还是能以社会可接受的方式积极地生活、成长并获得成功的能力”④（即“复原力”）。

命运的打击之下何以为人？自从人们试图发现童年这块被遗忘的大陆起，这个带有钦佩之情的疑问就存在了。在《苦儿流浪记》⑤ 中，可爱的雷米就清楚地提出了这个问题：“我是捡来的孩子，但是我相信我和其他小孩一样，也是有母亲的……”故事结尾，在经历了街头童年、辛苦卖艺、殴打、偷窃和疾病之后，雷米在伦敦获得了过上为社会所接受的生活的权利，并以那首那不勒斯歌曲作为生命的终曲，其中提到了“温暖的话语”和“爱的权利”。他的书写原则同在自己贫苦和受剥削

---

① 作者在此处指示了本书书名的来源。法语中代动词 s'émerveiller（对……表示赞叹、惊叹）、阴性名词 merveille（奇观，美好事物，美好）和形容词 merveilleux（令人赞叹的，美妙的）共享同一词干。本书书名属于作者随后就会讲到的“逆喻”（oxymoron），翻译成《美妙的不幸》是比较好的选择，所以请读者自行脑补“美好事物”“美妙的”和“赞叹”之间的关系。——译者

② A. FERRAN, «Introduction» *in* C. Baudelaire, *Petits poèmes en prose*, 1869; Paris, Hachette, 1951.

③ C. ENJOLET, *En danger de silence*, Paris, Robert Laffont, 1999, p. 9.

④ S. VANISTENDAEL, *Clés pour devenir: la résilience*, Les Vendredis de Châteauvallon, nov. 1998; BICE: Bureau international catholique de l'Enfance, *Les Cahiers du BICE*, Genève, 1996, p. 9.

⑤ H. MALOT, *Sans famille*, Paris, Hachette, 1933.

的童年里汲取痛苦与胜利主题的查尔斯·狄更斯的完全一致。“我找不出任何理由不让发生在人民底层的事像发生在上层的事一样起到教育的作用。那里有人性最好和最坏的微妙差别，有丑恶的方面，也不乏最美好的方面。”① 而当我们阅读托尔斯泰的《青年》时，也会不断地想起阿拉贡的诗句：“人就是这样活着的吗?”② 至于马克西姆·高尔基的自传三部曲③，其讲述的人生进程也再典型不过：第一部《童年》（1913—1914 年），主人公尝尽了流离的凄凉；第二部《在人间》（1915—1916 年），主人公开始了自我修补；第三部《我的大学》（1923 年），主人公拨云见日，摆脱困境。这些大众小说表现的都是同一种观念：我们的痛苦不会白受，胜利总还是有可能的。

这一主题不断被重新书写，有如绝望之人的基本需求和唯一希望：“如果你看着毕生心血毁于一旦，仍能默然不语俯身重建/如果你严厉而从不盛怒/如果你勇敢而从不冒失/如果你面对成功和失败都能宠辱不惊/你就能成为一个真正的人，我的孩子。”（鲁德亚德·吉卜林）

“胡萝卜须”这个受虐待的儿童，在书的结尾重获希望；艾维尔·巴赞在父亲终于让福尔科什闭上嘴巴后得到了平静；泰山这个生活在野蛮丛林里的脆弱小孩最终成了受可怕猛兽爱戴的首领；佐罗和超人只是小公务员，但都打败了坏人，恢复了正义；弗朗索瓦·特吕弗和让-吕克·拉艾所讲述的，也都是他们动荡童年的真实小说。在《欢喜城》中，多米尼克·拉皮埃尔④更是刻画了所有致力于照顾无家儿童的人⑤都具备的苦中作乐的惊人能力。

---

① C. DICKENS, *Oliver Twist*, 1838, Paris, Gallimard, 1982, p. 11 et 14.

② H. JUIN, «Préface» *in* L. TOLSTOÏ, *Jeunesse*, *suivie de Souvenirs*, Paris, Le Livre de poche, 1971, p. 13.

③ H. ERIKSON, *Enfance et société*, Neuchâtel-Paris, Delachaux et Niestlé, 1982, p. 237.

④ D. LAPIERRE, *La Cité de la joie*, Paris, Robert Laffont, 1985.

⑤ B. RAPP, 关于“波哥大儿童”的私人交流，1998。

当受伤儿童成为小说主题和科研对象

事实上，这些社会童话代表的是工业文明下大众小说的诞生。它们在受折磨的人们心中植入希望，其口号永远是："不必可怜我们，笑就是我们的武器。我们比绝望更加强大。"

二十世纪，专家们纷纷围到婴儿床旁边，儿童也变成了科学研究的对象。然而专业不同，看待儿童的角度也不同。儿童医生视儿童为生物，心理学家视儿童为符号，两者完全不同；心理学家不了解社会救助机构里的儿童，还惊讶于历史学家笔下儿童深刻的相对性。

第二次世界大战爆发，儿童观察迎来了真正的革命。安娜·弗洛伊德已经注意到，一些在刚被她收容进汉普斯特德战时托儿所时创伤非常严重的儿童，后来似乎长成了充分发展的成年人①。弗朗索瓦兹·多尔多也肯定了这一点："有些人因命运或童年时发生的事故，身边缺少了母亲甚至是双亲，然而他们的成长依然可以是健康的。尽管有着不同的特点，但他们的成长与拥有完整家庭结构的儿童一样稳固［…］。"②

1990 年代以来，复原问题转向为对保护因素的研究③：面对生存打击时，儿童会设置内在的防御手段，如分裂，即自我分成为社会所接受的一部分和更隐蔽、表达起来既转弯抹角又出其不意的一部分。例如，分裂的人会说："你们说得对，可毕竟……"④ 否认可以让人不去直面

---

① D. BURLINGHAM, A. FREUD, *Infants Without Families*, Londres, George Allen, 1994. A. FREUD, *Le Normal et le Pathologique chez l'enfant*, Paris, Gallimard, 1965.

② F. DOLTO, *La Difficulté de vivre*, Paris, Carrère, 1987.

③ M. RUTTER, «Psychosocial resilience and protective mechanisms» *in* Jon Rolf, Ann Master, *Risk and Protective Factors, in the Development of Psychopathology*, New York, Cambridge University Press, 1990.

④ S. IONESCU, M.-M. JACQUET, C. LHOTE, *Les Mécanismes de défense. Théorie et clinique*, Paris, Nathan Université, 1997.

危险的现实或将痛苦的伤口平凡化："不是的，截瘫没什么大不了的。"现实可悲的时候，幻想就无比美好，它让人放弃过于复杂的关系，去想象美丽的安全岛："我焦急地等待夜晚来临，好与我的梦独处。"理智化有利于避开牵扯我们自身的冲突："别紧张，我说的不是你们，我说的是那些侵害者，他们……"抽象化迫使我们去找到一般法则，以便掌控或躲避对手，而缺少危险的情况则容易让我们智力迟钝。

最后，幽默一笔便能将一个处境转化，将沉重的悲剧转变成轻盈的欣快："我亲身感受过，在幽默的周围，有死亡、有谦逊、有孤独、有无法承受且紧张的温柔、有对表象的拒绝、有对秘密的保守、有无限距离之感，也有对不公发出的呐喊。"① 以幽默、无法承受之温柔和致命秘密之名写下这句话的时候，弗朗索瓦·比耶杜并不知道，它完全可以用来形容罗伯托·贝尼尼的电影《美丽人生》(1998)。这部电影并非在开奥斯威辛集中营的玩笑。正相反，它是要表现幽默的保护功能，还有它的代价：第一幕，在欢快的氛围中，侵害者滑稽而不自知，因此幽默还伴随着快乐；第二幕，幸好受害者有幽默感，让他们能忍受不可忍之事；第三幕，幸存者笑到了最后。电影的最后一句台词"真是笑死人了"② 告诉我们，防御机制是具有双重性的：既对我们有保护作用，又要我们付出代价。

乔治·佩雷克在给我们讲"宠物的自我变质（动物精神病档案，1958年，66：35-38）"或是他有关"西蓝花冻干中存在的大麻酚（司法警察季刊，1979，158：975-1007）"的研究时，也让我们忍俊不禁③。

---

① F. BILLETDOUX，引用在 G. ROUX，M. LAHARIE，*L'Humour. Histoire, culture et psychologie*，Pau，Société internationale de psychologie de l'expression et de l'art-thérapie，1998。

② R. BENIGNI，V. CERAMI，*La vie est belle*，Paris，Gallimard，coll. «Folio»，1998，p. 251.

③ G. PEREC，*Cantatrix Sopranica L. et autres écrits scientifiques*，Paris，Seuil，1991.

事实上，他的幽默嘲讽了政府部门中激进主义者们的冷暴力。这些人杀人只是因为要服从规定，仅此而已。他们不会有情绪波动，就像《W或童年回忆》中一本正经的奥林匹克运动会管理委员会处死比赛失利的运动员一样，都是因为规定。正如被称为“最受人喜爱的伙伴”的门格勒医生的助手汉斯·蒙希所说：“我们很快就可以适应在有几十万人被毒气毒死的地方平静地生活，我没有因此有过心理负担。”①

独裁者强迫人民有幸福感，却不希望他们有幽默感，因为幽默代表他们在对抗痛苦：“十月剧团因将雅克·普雷维尔的第一部戏剧《丰特努瓦战役》搬上舞台而获奖，斯大林对此极为恼怒，因为像苏联人民一样的幸福人民就不需要幽默。”② 伤痛太强的时候，我们无时无刻不在感受着它，所以我们感觉痛苦。然而我们一旦能与之拉开点距离，以戏剧的方式将它表现出来，不幸就变得可以承受，或者说对不幸的记忆就被转化成了笑或者艺术品。这就是为什么安妮·弗兰克的《安妮日记》③ 在战后获得了那么热烈的欢迎，而直接证词却没有被人听进去。这些直接证词是让人无法忍受的，因为它们既不让人笑也不让人哭，里面只有让人厌恶或无法理解的事。文化拒绝它无法升华的东西：“而如果我能改变你对我的看法，我就能改变我对自己的感觉。”这种防御机制有如走钢丝绳，因为如果我能让你因我的不幸而发笑，我就向自己证明了，我又能主宰自己的过去了，证明我也没那么像个受害者了。这种“撇开真实性要求不管”④ 的做法，有利于心理受伤之人掌控对自己不

---

① Dr H. MÜNCH，原奥斯威辛集中营卫生院医师，«Interview»，Der Spiegel，引用在 Le Patriote résistant，*n*° 710，*déc.* 1998，*p.* 5。

② J. DEROGY，*Une ligne de chance*，Paris，Fayard，1998，p. 35.

③ A. FRANK，*Journal*，1947，édition originale néerlandaise：Vitgeverij，Amsterdam；trad. française，Calmann-Lévy，1950.

④ S. FREUD，«L'humour» *in L'Inquiétante Étrangeté et autres essais*，1927，Paris，Gallimard，1985，p. 321-328.

幸经历的意象，掌控其叙事身份：“我不再是那个遭受了酷刑的人……我变成了那个有能力将苦难记忆转化成为人所接受的艺术品的人。”

凡是相关实践人员都对复原不陌生，但复原却没有被研究，这尤其说明，我们的文化依旧认为幸存者是可疑的。“他们之所以没有同其他人一起死掉，是因为他们与凶手有勾结。只有受害者才是无辜的。”这种直截了当的推论认为事情非黑即白，不考虑我们内心世界的双重性，即我们有可能恨我们喜欢的人，也有可能想在我们最大的敌人那里找到一点人性。

当下备受推崇的依恋理论的创始人之一约翰·鲍比，在生命的尽头还希望对复原的研究能够开展起来。他说，心理学建立在一个暗含的先验观念之上，即“生活越艰难，我们越有可能抑郁”①，这其实完全不好说。只能说生活越艰难，我们就越有可能觉得它艰难。痛苦与悲伤并不是抑郁的症状。

而且，我们从不是一成不变的，因为我们在不停地老去。同一个事件不会有相同的后果，因为在它发生的一刹那，我们就已经改变了。六个月就失去母亲有如掉入深渊，如果没有替代者来占据她的位置，儿童就会一直处于感官真空的状态。这种风险是致命的。六岁失去母亲，儿童成了没有母亲的人，成了“缺陷儿童”。这种风险是心理情感上的，会导致身份障碍。六十岁失去母亲，人只是会意识到这种考验迟早要来，这种风险就是形而上的了。

创伤总是不均衡的，因为它们在不同的时间出现在不同的心理构造之上。

---

① J. BOWLBY, «L'avènement de la psychiatrie développementale a sonné», *Devenir*, vol. IV, n° 4, 1992, p. 7-31.

创伤的不均衡让我们相信历史不是宿命

我们的历史不是宿命。

已写下的不会永远写在那里，今日是者明日即非，因为人的决定因素都是短期的。我们的痛苦让我们不得不变身，我们也总是希望改变生活方式。这就是为什么，幼年的缺失只造成暂时的脆弱，会因我们的情感关系和社会关系而得到恢复或加剧。

从这个意义上讲，复原就是一种自然过程，我们任意时刻的存在状态都必然同该过程的生态、情感和语言环境编织在一起。其中任何一个环境的失灵都会导致整体的坍塌，而只要有一个支点，建构就会重新开始。

当然，在创伤发生的时候，我们看到的只是伤口。只有在许久以后，当终于复原了的成年人承认儿时受过打击的时候，我们才能谈得到复原力。但是我们沉浸在回溯的幻想之中，只谈论表象，即社会修复，而关于这个无论如何还是“成功”了的成年人，我们并不清楚他的内心世界发生了什么。

这个问题无疑要从两个方面来看。从外部看来，复原之常见证明我们可以摆脱困境；从内部看来，揭示了受伤之人的内心分裂，即让天堂与地狱并存，让幸福悬于一线的逆喻，正是我们的结构。

为了阐明这种编织的奥秘，一代代盎格鲁-撒克逊学者重复着乐观主义信条：“我有，我是，我能。”① 他们到当地与心理受伤的儿童生活在一起，观察他们的发展。在夏威夷附近的考艾岛上，有两百名因父母

---

① E. E. WERNER 的口号，引用在 S. WOLIN，R. WOLIN，« Resilience among youth growing until substance-abusing families »，Pediatric Clinic American，n° 42，1995，p. 415－429。

和社会的原因而处境堪忧的儿童得到了定期的跟踪观察。几十年后，人们发现他们当中有一百三十名在身体、心理情感和社会方面发展糟糕，这说明了环境因素至关重要的作用。但是没有人关心剩下七十名幼年经历了考验，却快乐成长，成为社会有为人士的儿童。

有十一名儿童由美国社会救助机构指定，被跟踪观察了五十年，通过定期的约谈了解他们的身体、心理情感、智力和社会状况①。观察初期，他们均受过不同程度的损伤。到了青少年期，他们在情感和社会方面依然存在着重大的风险因素，但是人们看到他们当中的大部分已经组织起了一定的复原因素，其中一些人表现得独立、善于交际、充满创造力、具备幽默。尽管经历了可怕的童年，他们当中有几个人仍非常关心伦理问题，这有力地证明了不幸不一定会代代相传。接近四十五岁的时候，十一名儿童中的八名成了充分发展的成年人。另外三名儿童的发展不顺利，不是因为他们童年受到的侵害最严重，而是因为他们过于孤立、所获得的支持最少。

十几二十年间大量的研究都证实了实践人员们的感觉，在他们遇到过的案例中，总有一些故事让人看到，摆脱困境是可能的，只要在儿童身边安排几个成长辅导员，他们的未来就没那么黑暗②。

有六十多名被安置进收容家庭的儿童被定期跟踪观察到二十五岁③。他们当中一多半发展十分正常，身体健康、热爱工作、婚姻幸福，子女也健康成长。有 12% 的人日子还过得去，还有 32% 的人有身体、心理情感或社会问题。这一小部分人的成长情况比照参考人群来说不算差，因

① E. E. WERNER, R. S. SMITH, *Vulnerable but Invincible*: *A longitudinal study of resilient children and youth*, New York, Mc Graw Hill, 1982.

② N. LOUTRE DU PASQUIER, *Le Devenir des enfants abandonnés*, Paris, PUF, 1981.

③ A. DUMARET, M. COPPEL-BATSCH, «Évolution à l'âge adulte d'enfants placés en famille d'accueil», Psychiatrie de l'enfant, n° 2, 1996.

为后者也有 23% 的孩子承受着身体、心理或社会问题。童年受到过打击，生活一定会更艰难，但这远非目前我们的社会言论所宣传的那种跨代悲剧①。

迄今为止，研究人员已对不容置疑的损害做了充分说明。现在该去探究修复过程了

对我们的课题来说，值得注意的一点是，几乎所有走出困境的人都很早就将梦想与理智化结合在一起，建立了一套“生存理论”。几乎所有具备复原力的儿童都要回答两个问题：“为什么我要受这么多苦?”这个问题促使他们去做理智化的工作；“怎样才能苦中也有乐?”这个问题让他们心怀梦想。复原的这种内在决定要素如果能遇到外在的援手，这些儿童的发展就不会是不利的。

成人后最为痛苦的人群，是那些父母有精神疾病或者有虐待子女问题的，以及没能找到情感替代者的人，这或许是因为他们过早地认为被成年人伤害的责任在于他们自身。这并不是说他们不可能摆脱困境，但这证实了在他们的内心世界和外部世界之间，有东西没能编织起来。

重蹈覆辙不是必然的，但是如果我们的文化认为这些孩子命该如此，进而弃他们于悲惨命运而不顾的话，他们就很有可能走上一代人的老路。我们的文化因这样做而让自己的预言变成了现实。但为这种自我实现的预言提供论据的数据本身，就源于三个重大错误。

第一个错误在于，专业人员只收集将虐待延续下去的人的信息，忽

① M. DUYME, « Les enfants abandonnés: rôle des familles adoptives et des assistantes maternelles», *Monographies françaises de psychologie*, Éditions du CNRS, n° 56, 1981.

略了其他人，因为有复原力的人身处社会救助体系之外，靠自己的力量应付伤口。这种专业偏颇绝非刻意，因为实践人员们只有在工作环境外才会遇见那些摆脱困境的人；而在工作环境之外，人们一般又不会谈论这些事情。

第二个错误在于，反之并不亦然。虽说虐待子女的父母往往自己童年时也受过虐待，但受虐待的儿童成为人父人母后却并不一定会虐待自己的孩子①。

这些研究获得的数字不一致，并不代表研究本身不严密。相反，这正证明了童年伤害的发展非常受环境的不同组织方式的影响。第二次世界大战之后，当年的被遗弃儿童已为人父母，他们的社会文化发展如果不好，就经常会延续遗弃行为，像当年自己被送进收容机构一样，把自己的孩子送进收容机构。社会文化处境非常不好的时候，他们的个人历史就会让他们产生抛弃孩子的念头。但是自 1980 年代以后，送孩子进收容机构这种行为就几乎不再延续了，因为社会和情感方面的组织向这些人提供了更加良好的环境。

第三个错误在于，过度地分裂内心世界和外部世界，以至于让我们相信个体可以不受其环境的影响。而事实上，一个事件之所以能渗透一个人的私人记忆，那是因为它曾被周围人的情绪反应或者被文化对它的重视渲染过。根据社会环境的不同，同一行为有可能具有截然相反的含义：在社会化的人那里，贩毒被视为犯罪；而对于受到过社会羞辱的人来说，这种行为体现的正是自救、修补或复原。在那些社会不幸与文化贫瘠横行的街区，儿童受到羞辱如同家常便饭。在学校，他们是坏学生，因为他们的家庭往往不在乎子女教育，或者因为他们晚上要打工赚

① J. KAUFMAN，E. ZIGLER，« Do abused children become abusive parents ?»，*American Journal of Ortho-Psychiatry*，n° 52，avril 1987，p. 2.

点钱。在由暴力统治的街上，他们因为弱小，不是挨打就是被恐吓。社会也不接纳他们，让他们沦为失业者，强调他们一而再的失败。直到有一天，一个贩毒头目告诉他们，只需一晚，就能赚到足以找回尊严的钱。一夜之间，他们不仅赚到了钱给家里人，甚至还能反过来支配曾打过他们的人①。在社会和文化经历中备受束缚的他们，靠犯罪成了有复原力的人。他们通过弥补家庭来修补自我，通过变成罪犯来重获尊严。在波哥大或圣保罗街头的小孩中间，这是经典的自救情节。拒绝犯罪的小男孩毫无疑问会被淘汰掉。在这样的环境中，有犯罪天赋的人才有价值，才能走出困境，不仅可以买下面积巨大的产业，雇佣私人武装来保护自己，还能把孩子送进贵族学校接受最好的教育。在这些有复原力的小孩那里，社会虐待绝不会延续，因为他们的孩子绝不会吸毒，而且在这样的环境下，有个罪犯父亲更属于一种社会幸运。

实际上，复原是靠千万种决定因素编织起来的。这些因素值得研究，因为其中很可能有一部分更容易获得，也更有效。自我感觉的编织似乎是复原能力的关键因素。然而，感觉这种在身体上体验到的情绪的根源是社会意象：骂一个孩子是“杂种”和把他视为“少爷”，所引起的感觉是不一样的。也就是说，儿童感受到的、用行为表达出的情绪，是由社会言论植入他心灵中的。

以色列目前有二十万大屠杀幸存者，年纪都在六十五岁上下②，其中 28% 的人是集中营幸存者，58% 的人当时被人藏了起来，近 10% 的人很小就参加了抵抗武装。人们发现，除了那些拿起武器的孩子，其他所有人战后都有过几年的抑郁期。

---

① P. BOURGOIS, « Résistance et autodestruction dans l’apartheid américain », *Actes de la recherche en sciences sociales*, n° 120, déc. 1997.

② R. ROBINSON, «The present state of people who survived the Holocaust as children», *Acta Psychiatrica Scandinavia*, n° 89, 1994, p. 242-245.

这一数据很难解读。这10%的儿童更坚强，是因为他们一开始就是最有复原力的吗？是让抵抗运动者团结一心的归属感使他们免于抑郁的吗？还是他们的叙事身份，即战后几年间在内心中讲给自己的故事，让他们感觉自己不是受害者而更像英雄："我是那个十岁就敢反抗德国佬的人"？复原力若是编织，应该说所有这些因素都是交织在一起的。但在生命的某一时刻有效的因素，在别的时刻就完全失效了，因为它引发的效果不一样了。人们发现，五岁就被关进集中营的那部分儿童，战后抑郁的情况最严重。这并不令人吃惊。但是取得了最卓越的社会和家庭成就的，也是这批人。与此同时，虽然从小参加抵抗运动的那部分儿童在战后没有抑郁的情况，但是这些小英雄在成年后均满足于让他们活得开心的中等社会地位，因为他们更容易获得内心的从容。而被关进集中营的那些儿童要想战胜集中营的巨大苦痛，就必须在家庭生活和社会经历中取得成功。因此，战后的抑郁促使他们把一切都押在了家庭幸福和社会成功之上。换句话说，是抑郁让他们不得不追寻幸福！所以说复原的代价正是逆喻。

成功的防御只要几个逆喻作代价

逆喻是一种修辞格，特点是将两个矛盾的字眼连接在一起。最有名的例子就是高乃依的"昏暗的光明"①。当形容词"美妙的"用于形容"不幸"这个出人意料的对象时，这一修辞用以表达一种对照。它不是主体对使他产生冲动之人产生有爱有恨的两种截然相反的感情时所表现出的双重性，即弗洛伊德有关"鼠人"所说的："我们的爱慕者对同一

① L. AZMENTIER, *Dictionnaire de la théorie et de l'histoire littéraires du XIXe siècle à nos jours*, Paris, Retz, 1986.

个人的爱与恨在他心中猛烈斗争。”[1] 当奥赛罗想要通过杀死自己最爱的人来完全占有她的时候，或者当因爱而恼怒的婴儿在啃咬自己母亲的时候，这种双重感情在他们的嫉妒中表现得尤为清楚。双重性是冲动的特征，是对让我们产生渴望、产生依恋，甚至是产生禁锢我们所爱对象的动念的特征。而逆喻显示出的，是承受巨大打击的人通过分裂人格来适应痛苦时所表现出的反差。承受打击的那部分人格感到痛苦并发生坏死，而被保护得更好的那个部分依然健康却十分隐蔽，这部分人格利用绝望的力量将一切还能给人一点幸福和生存下去的意义的东西集中在一起。因而在适应打击的时候，坏疽与美丽、厩肥与鲜花都能被联系在一起。当钱拉·德·奈瓦尔谈到“忧郁的黑太阳”的时候，他不是要对立两种感觉，而是将它们连接在一起，就像抑郁症患者自称为死亡的恐怖之美着迷一样：“恐怖”是因为他们对自己的死亡欲望感到害怕，而“美”是因为他们希望不再痛苦。逆喻中的每一个词都在强调另一个，它们的意义要由它们之间的反差来阐明。逆喻体现那种受过伤却依然坚强，痛苦却依然乐于希望的人格的特征。逆喻是一段创伤史的拱顶石，正如安德烈·乌盖托给我们解释的哥特建筑中的拱顶石一样：“哥特艺术中，反向的拱石碰到一起，支撑拱顶。”[2] 建筑物之所以立得住，全赖交叉穹隆，两股相反的力量是平衡所必需的。

一般而言，教育的目的是去除双重性。我们要爱自己身边的人，原谅他们的一切，正如同憎恨自己的敌人，远离他们也符合道德一样。这样的话，一切都清楚明白，被控制住的双重性也能让我们的互动准则表现得泾渭分明：或爱或恨，选了才能得自在。

---

① J. LAPLANCHE, J.-B. PONTALIS, *Vocabulaire de la psychanalyse*, Paris, PUF, 1973, p. 20.

② A. UGHETTO, «La "morale" de l'oxymore dans *Les Fleurs du mal*», *in Analyse et réflexion… Baudelaire*, *Spleen et Idéal*, Paris, Ellipses, 1984.

在逆喻当中，两个部分都是必要的。况且它们也是无法避免的，因为伤害源自历史，由外部事件施加进而渗透身体与记忆。如果说双重性指代的是连理之结的病理，那么逆喻描述的就是破镜重圆的病理。

当最善于用逆喻的波德莱尔写下“每过一秒，你的快乐就被吞掉一口［…］你甩给我的淤泥，都被我变成了金子”① 的时候，他完美地定义了“创伤”这个炼金炉，即令心理受过严重伤害的人发生转化所需的必要相遇。这些人无须选择支持或反对、命题或反命题。他们受了伤，命运如此！他们只能去适应，并且如果可能的话，在淤泥和痛苦之中依然得到幸福：“啊，正是淤泥中见伟大，耻辱中见崇高。”

“寒日之下”，“肌肉男”是脆弱的。在一个“冷酷残忍”的世界里，超人都是诗人。热内维尔瓦·安东尼奥兹-戴高乐在提及自己被关进拉文斯布吕克集中营②时说：“有一个女的，我总是挨着她，她会念许多许多首诗。”③ 她还说：“我的许多同伴都跟我一样，从集中营出来后变得更坚强、更有人味了。其他人则永远也不可能出来了［…］正当你要顶不住的时候，一只手把你扶了起来。我们就是这样活过来的［…］我们可以做希望的守夜人。”④

在不愁吃喝的麻木社会里，诗与援手都是已经过时的价值。但是对于经历过拉文斯布吕克集中营的人来说，生活中的所有事件都指向这个伤口，让它具有不同于其他的特质：一种表达手法真的要比一个残疾的人更有价值吗？当自己舔过洒在地上的汤之后，还能够对贫苦无动于衷吗？打击成了纹在记忆里的价值坐标，从此以后，所有的事件都不免与

① C. BAUDELAIRE, «L'horloge», *Les Fleurs du mal*, 1861.

② G. ANTHONIOZ-DE GAULLE, *La Vie en face*, Documentaire Arte, 1er décembre, 1998.

③ G. ANTHONIOZ-DE GAULLE, *La Traversée de la nuit*, Paris, Seuil, 1998.

④ V. COLIN-SIMARD, «Entretien avec Geneviève Anthonioz-de Gaulle», *Elle*, n° 2761, 30 nov. 1998.

之参考。对于这位慷慨且勇敢的女士来说，所有社会行为都参照拉文斯布吕克集中营来定位，不管这些行为是为了不让她想起还是要让她想起这件事。对于经受过考验的人，不幸就是引导他们走向奇迹的启明星，而逆喻所表达的是痛苦如何转化成艺术作品：豪尔赫·森普伦写过“生命中炫目的不幸”①，让·热内说过“这种暴力就是让你不安的安静”②，（九岁的）尚塔尔解释说“每天晚上我都给自己讲一个让人昏昏欲睡的故事好让自己保持清醒”③。

不幸从来不是美妙的。它是冰冷的泥浆，是黑色的淤泥，是痛苦的焦痂，让我们不得不做出选择：妥协还是克服。复原力定义的就是那些受到打击后成功战胜打击之人的弹簧，而逆喻描述的是这些受伤赢家的内心世界。

受害者的解脱从不为行凶者开脱

这时文化就会说：“这不是一切都好起来了吗？”对此，绝境征服者会回答道：“你们错了！下一场悲剧已经不远了。当年我默默忍受痛苦之时，你们让我闭上嘴巴，因为否认让你们不用去直面真相。如今你们依旧想保持你们的安宁，面对脱困者的证词，你们恼羞成怒。你们只愿想寻常之事，稍有偏离就感觉受到了侵犯。”

对受害者说“你能好起来”，这不是要减轻行凶者的罪孽。但当受害者的伤口愈合，成功地将痛苦转化为战斗，行凶者的确有可能看起来不那么可怕了。这种感性思维并不少见。每当有关复原力的报告做完之后，我们都能听到有人发出这种合乎道德的愤慨：“您怎么能说出战争

① J. SEMPRUN, *Adieu, vive clarté*, Paris, Gallimard, 1998, p. 92.

② J. GENET, *Journal du voleur*, Paris, Gallimard, 1949, p. 14.

③ M. LEMAY 引用，Châteauvallon 研讨会，«Ces enfants qui tiennent le coup», 21 juin 1997。

没什么可怕的这种话来?”[1] 当一个黎巴嫩人解释说，许多儿童“经历了战争”而没有留下多少后遗症，因为负责照顾他们的成年人没有把自己的焦虑强加给本就有困难的小孩身上的时候，人们正是这样反驳他的。在一位精神病医生说受到过性侵犯的女性依旧可以成为有能力去爱、去工作的人之后，一位女哲学老师回应道：“请放心，我永远也不会在我的课堂上说强奸女性不会留下后果。”[2]

以揭示复原力、试图了解复原力为目的的研究并不排斥那些描述伤口的研究。说“有强奸受害者很快从创伤中走了出来”[3]，这并不是指强奸是可以接受的！试图了解凶手的精神世界并不是要保护他，而是为了预防侵害。这并不排除，在理解的一瞬间，我们对他的恨也减少了。勇敢的赛尔日·克拉斯菲尔德说他不想了解自己追捕的凶手的任何人格特征，因为如果他与这些人建立了人际关系，就无法继续追捕他们了。慷慨的橄榄球教练丹尼尔·埃雷罗解释说他不希望球员同对手讲话，这会让他们缺少攻击性。

有些人热衷于仇恨，这会提升他们的成绩。但是心理受了伤的人既不想恨，也不想投降，他们只想走出困境。太多时候，本应该保护他们的文化却以道德之名对他们造成了侵害：“我是一名斗士。发生在我身上的事（乱伦）使我与别人不同。我必须更理智、更坚强。电视节目说像我这样的孩子都会变坏，我可不希望这事发生在我身上，但这让我很担心。”对我说这些话的女士美丽又年轻，她刚刚开了一家公司，为了表现得像常人一样，她不得不隐藏自己的悲剧。继被父亲侵害之后，她

---

① C. F. BADDOURA, «Traverser la guerre», *in* Boris Cyrulnik (dir.), *Ces enfants qui tiennent le coup*, Revigny-sur-Ornain, Hommes et perspectives, 1998.

② R. COUTANCEAU, Journées UNESCO, Ligue française pour la Santé mentale, 1997.

③ Eva HEDLUND, « L'expérience suédoise du traitement des agressions sexuelles. Quelles difficultés après vingt ans de travail ?» *in* Collectif féministe contre le viol, *Le Viol: un crime, vivre après*, École nationale de la magistrature, 14 janvier 1995, p. 43.

又被以最黑暗的前景来威胁她的文化侵害了一次。

“心理佐罗”希望受害者永远做受害者，以彰显他的救援之功。如果受害者“不幸”走出困境，成为赢家，那还要“心理佐罗”做什么呢?

通过将群体调查方法得来的信息与“个例跟踪”① 相结合，我们就能更好地理解什么是“群体法则”，什么又叫“个人自由”。这样一来，通过将“个人发展的各个方面重新整合进自然科学中，我们就可以让自己稍微乐观一点了”②。

---

① C. KOUPERNIK, «Plaidoyer pour le cas unique», *Pour la recherche*, n° 2, mars, 1998.

② G. E. VAILLANT, *The Wisdom of the Ego*, Harvard University Press, 1997.

第一章

意外之处见希望

令小孩印象深刻进而留在其记忆里的东西，在虚构过去的大人看来毫无意义可言

回忆童年经历，贝尔纳说："六岁就要面对死亡，确是大不幸。我被逮捕是在一个夜里，灯光把我从梦中唤醒，无缘无故不会有那么强的光。我记得大概有六个人，在局促的房间里围床站立，惊奇之间我竟忘了害怕。比起士兵，便衣警察更吸引我的注意力。羊皮大衣竖起的领子上一顶毡帽让他们看着挺帅，尤其是大半夜他们还戴着墨镜。他们一手拿枪指着我，一手端着手电筒，德国士兵则背着步枪站在后面。

"房间的灯点亮后，左轮枪在灯光下恢复了它们微不足道的样子。蒂博夫人边准备小行李箱边向警察表示愿意收留我。他们说必须逮捕我，因为我长大后会成为他们党的敌人。我很惊讶，居然有人这么在乎我未来的立场。

"德国兵不讲话，站姿近乎于立正又不完全是，仰着头不知在看什么，但无法与之对视。法国警察看起来更像正常人，讲话的是他们，负责检查、做决定、下命令的也是他们。德国人看起来就不那么像正常人了，他们背着枪站在走廊里，视线总是落在人脑瓜顶的上方，既不是看天花板，也不是看人。

"外面夜深且冷，年底将近。街道上，两排举着冲锋枪的士兵围出

一条通道，尽头是盖着篷布的卡车和雪铁龙前驱轿车。人行道上，一些恶狠狠的士兵边吼边用脚踹人。我坐的那辆前驱车里有个男人看着前方哭泣。我没有害怕也不觉痛苦，因为面前这个哭泣的男人在吞口水时一上一下的巨大喉结令我无比惊讶。”

记忆就是如此，没有含义的事件不会留下任何痕迹。在儿童的世界里，一个发声器官留下的印象比即将到来的死亡要深刻得多。他的字典里“死亡”一词还没有成年人给它的那种含义，而一上一下的喉结给他留下了持久的印象，因为这个现象更能调动孩子的情绪。

成年人虚构过去，因为他们是用概念看，而不是用眼睛看。相较于受理论牵绊的成年人的记忆，儿童的记忆更为精确，能记得住墨镜和起伏的喉结。但两者的记忆有着不同的专长。

成年人的记忆依靠赋予事件以含义的社会重构而不断充实，儿童记住的则是对他们来说有意义的细节。夜里戴墨镜这件事让孩子发现，大人行事也不见得是合情合理的，而起伏的喉结让他意外地发现了一种性征。德国兵和法国警察五十年后才进入他的记忆，而那也是因为彼时的社会环境想要了解当时发生了什么。

尽管如此，也不应过分贬低回溯性问题的意义。回答这样的问题不是撒谎，而是重构过去。毋庸置疑，故事如何，取决于讲故事的人的意图和他想对听者造成的影响。为了实现这样的计划，他利用过去的事件在个人传记中虚构一只神兽，它的所有组成要素都是真实的，却是一只只存在于他所虚构的故事中的动物。

面对高度背景化的记忆，须要有技巧地问问题：“上届世界杯你看了多少场比赛？”这个问题得到的只能是不精确的回答，而“你看过足球比赛吗？”这个问题的回答则是精确的。相较于事件的前后关系，社会环境向自传记忆提供的参考坐标更加可靠。我们就是这样的存在，外部世界于我们看来不言自明，如同一个画面先在我们记忆中定格，再被我们放置在诸多家庭或社会参考系之间。外部的参照物让我们的内心画面得以前后一致，否则回忆就会像是杂乱的照片堆积在一起，让人难以找出其中含义。

若想在时间上将杂乱的画面组织起来，需要有他人为发生在我们身上的事情注明日期。那些十余年间换了二三十家救助机构的被收容儿童有着清楚的回忆，但回忆与回忆之间丝毫不连贯。他们能讲出某一位辅导员为了不跟他们讲话，仅凭简短的手势和靠舌头发出的咯咯声同他们交流。他们记得树叶的颜色，记得他们偷偷盖的窝棚的形状，记得他们趴在地上玩的接子游戏，但是他们说不出这些具体的情景发生在什么地方、为什么会发生、是怎么发生的。一个没有含义的时刻留在了他们的记忆中，如同一个短暂的画面。一些无言的故事渗透进他们的回忆中，因为它们曾引起过他们的情绪。可是对于经历了同一事件的成年人来说，这些故事毫无意义可言。换句话说，无法定位、无法讲成故事的画面是没有含义的。

对喉结的形象回忆深深地刻在一个被判处死刑的六岁儿童的脑海里，却没有给成年人留下任何印象。理智的成年人也很难相信有晚上戴墨镜这种事。然而五十年后，一些参与执行这些逮捕行动的人证实了确有某些法国警察用墨镜遮住自己的眼睛。

之所以某些事件能变成回忆，而另一些事件被忘得一干二净，原因在于人在事件发生时所感受到的情绪。这种情绪既可以由孩童的小事引发，也可以由公共大事引发①。

肯尼迪总统遇刺的那一天，我是在岳父岳母家过的。我记得好像是在电台广播里听到的消息，但我不确定。相反，当天的许多细节还

① N. AURIAT, «Les défaillances de la mémoire humaine», *Cahier INED*, PUF, n° 136, 1996.

清楚地留在我的记忆中，如房间的摆设、床上棉被的样子，甚至是我走过花园同岳父岳母讲话时的天气。但我完全说不清楚当时是在巴黎还是在蒙彼利埃。

在儿童看来，总统遇刺毫无意义可言，他的想象空间还过于狭窄，无法对遥远的事件产生感应。相反，他所爱的成年人的情绪反应却是可以感知的世界。这样一来，他所依恋的这些人表现出的情绪就成了他头脑中画面的坐标，帮他将事件以回忆的形式固定下来，并使之前后连贯。当然，前提是孩子要遇到一个听他讲这段故事的人。

就像在伦敦大轰炸期间，只要母亲保持镇定孩子就有安全感一样，在“人体炸弹”事件中，受劫持儿童也被老师的游戏转移了注意力

在第二次世界大战的伦敦大轰炸期间，安娜·弗洛伊德注意到，防空洞中的婴儿们表现得很平静，周围炸弹的呼啸声、地面的轰鸣、防空洞墙壁的摇晃都没有使他们感到不安。她认为原因很简单，那是因为对这些婴儿来说，世界还是老样子，他们还是安然地躺在母亲的怀里。母亲若是泰然自若，躺在母亲怀中的婴儿也会感觉绝对安全。相反，母亲要是发抖，哪怕只是肌肉紧张，婴儿的世界都会天翻地覆。随着孩子逐渐长大，他的世界也会逐渐被言语改变，但他依然沉浸在他人的情绪之中，只是固定画面、给画面以含义的内容变成了故事。

发生在塞纳河畔纳伊的幼儿园劫持人质事件当中（歹徒自称“人体炸弹”），相较于威胁他们生命的人，孩子们更害怕救了他们命的人。在成年人的世界里，这个身上挂满手雷、威胁要与孩子们同归于尽的男人才是危险的源头。但是在孩子的世界里，这个先生并不可怕，他的出现反而很有趣：活动不寻常了，游戏也不一样了。尤其是女教师当时是

那么机智，把歹徒说成是游戏人物，她不经意间发现了罗伯托·贝尼尼在电影《美丽人生》中表现的那种心理防御机制。相反，当警察冲进幼儿园拎起小孩便跑的时候，孩子们感觉这些蒙着面、把他们夹在腋下迅速逃跑的“小偷”才是把他们拉离“安全之地”的人。逃跑的过程中，还有其他大人呼喊着向他们指示逃生通路，这才是恐怖之处![1] 这也有可能在孩子们的记忆里留下清晰的画面：或是奔跑的声音，或是夹克衫上抖动的胸章，抑或是有胡茬的脸，总会有一个细节成为恐惧的表征。除非通过画画、表演、故事、思考或任何其他方式去改变这种感觉，否则当孩子一个人的时候，恐惧的记忆每晚都会再度降临，如同被精炼提纯过一般。回忆的单线条化会让日常的普通物件具有勾起这种恐惧的能力：走廊里的脚步声、跳动的胸章、有胡茬的脸都会引发这种恐惧。相反，如果孩子能把经历画出来、讲出来、想明白或表现出来，进而引起他人的欢笑、评论或哭泣，他就能重新成为这些情绪的主宰，因为是他通过这些小的艺术创造，让自己的画面、语言和表情有了形态，进而影响他人。换句话说，观众的存在使孩子重拾自我成为可能。

五岁的小米歇尔之所以将自己被逮捕看作一件高兴的事，是因为在被关进德朗西集中营之前，他遭受了一段时间的情感隔离。而直至今日，深爱着自己母亲的雷娜特每晚都会回想起解放初被枪决的母亲的遗体

二战期间，五岁的小米歇尔在德朗西集中营被拘禁了三个星期。在一次囚犯转移的过程中，他成功逃脱而幸免于难。被捕之前，他被巴黎

① L. BAILLY, *Les Catastrophes et leurs conséquences psychotraumatiques chez l'enfant*, Paris, ESF, 1996, p. 59.

的一户人家藏了起来，在一间舒适的房间里度过了六个月的时间。整整六个月，他几乎完全处在社会与感官隔离之中：没有广播、没有书籍、没有朋友，更没有家人。这勇敢的一家人每天只在给他送饭的时候对他说两句话，而在隔离了几个星期之后，小米歇尔就已经开始不再应答。隔离了一个月的时候，他唯一的活动就只是围着桌子转。转得多了，这唯一一项活动也变得刻板起来，成了绕着桌子的齐步走。有时他会停下来原地摇摆或者原地转圈，等被这些内部刺激弄烦了，他就会蜷缩在地上舔膝盖。

被逮捕时，他一句话也没有讲。

对他来说，拘禁如同重生，因为他感受到了生气，听到了声音，看到了人的面孔，吃饭是有节律的，还能见到生人。简言之，他重新找回了在漫长的孤独中已被遗忘的东西。他贪婪地观察每张面孔，每当有新的囚犯抵达，他都觉得是有趣的事情。能见到其他小孩更令他兴奋异常，尤其是他们有说有笑，还同他一起做游戏。

五十年后，比较不同亲历者的回忆，结果令人惊讶。救了小米歇尔的这一家勇敢的巴黎人完全意识不到孩子承受了痛苦。就算是通过精确的问题让这些成年人冥思苦想，他们也想不起孩子有过刻板动作和沉默不语。对他们来说，发生在社会环境中的才叫事件：某一天，来送奶瓶的女邻居听到了奇怪的脚步声，想要到客厅里一探究竟……某一天，警察登门检查，却偏偏漏掉了那个房间……还有一天，孩子不顾叮嘱跑了出去，叫全家人都命悬一线。

米歇尔在听了这些故事后，只能回想起若干画面，却找不到任何社会性的回忆：他想不起有女邻居、有警察检查，也不记得自己曾经出走。他能回想起的都是具体的事物，如桌布和小挂钟，也记得自己舔膝盖。听说自己在那个房间度过了六个月的时间，米歇尔惊愕不已，因为时间的划分只存在于有社会参照的成年人的意识中，他却没有。

要等到这次亲切交流回忆之后，米歇尔才敢告诉我们，他把自己在德朗西集中营遭受的拘禁看作一件高兴的事，犹如回到人世，重获新生。他还说，相较于只有死路一条的拘禁，使他受到更大损伤的很可能是救了他命的这家人对他实施的感官隔离。

雷娜特在1945年的时候可没有这样的运气。五岁时，她亲眼看见了一群戴着臂章拿着枪的年轻人兴高采烈地逮捕了她的父亲。她有些害怕，但是并不感觉有多难过，因为她与这个只是偶尔短暂出现在生活中的男人的感情不深。相反，当村子广场上仅由一张桌子和几个台架构成的法庭对母亲进行宣判的时候，她知道非常严重的事情就要发生，于是赶忙跑向枪响的地方。她在大人们的腿间挤了过去，看到的却是地上躺着的母亲的尸体。从这一刻起，两个画面将令她终生挥之不去：子弹打穿了母亲的肚子而不是胸膛，还有一个男人的声音对她说："她刚刚还叫你呢。"母亲棺木下葬的时候，雷娜特捡起了一小段吊棺材的绳头，而此后的五十多年间，她都活在对母亲之死的回忆中。只要她稍加放松，放下戒备，被子弹打穿的裙子的画面就会出现在内心的影像世界："为什么要打那里？"而在事后，男人的那句"她刚刚还叫你呢"也变成了："你都没有跟妈妈告别。"这时雷娜特就会靠那段绳头来安慰自己，因为它曾离母亲那么近，而且在母亲之死中至少是清白的。她把这段绳头装进盒子里，放在壁炉上面，时不时就拿出来看看，因为她永远也没有办法把这件事讲出来。是啊，一个五岁的小女孩如何能理解自己的父亲曾是雅克·多里奥（法国法西斯政党头目）的卫兵？她又如何能明白，嫁给了这样一个男人，在法奸的漂亮房子里料理家务就该去死？母亲美丽且性格开朗，为什么要打肚子？

雷娜特在一家宗教性质的救助机构中长大，那里的管理十分严厉，也没有人同她讲话，因为所有人都了解她的出身。她现下是一名社会福利员，在尼斯地区生活，从未离开过那里。结婚生子后，男人的话和母亲肚子上的窟窿这两个挥之不去的回忆曾一度减弱。孩子长大离开家之后，她发现变得模糊的记忆只是被藏了起来，如今它们再次成为自己每晚的不速之客，让往事就像发生在昨天。

或许雷娜特把这件事讲出来、画出来、写一本书、创作一件艺术作品，或是在某个解放初遭枪决人士遗孤的协会做积极分子工作，就会少受些痛苦？只是我们的文化永远也不会允许她这样做，因为它只容许那些强化其神话的证词存在。

将回忆固定下来的情绪是儿童的成长水平与其外部参照两个方面相会的结果。

成长阶段不同，我们对相同信息的敏感度也是不一样的：母亲怀抱中的婴儿不知总统为何物，孩童也无法理解导致父母被枪决的那些政治原因。我们痛苦的最重要原因不是某一处境有多客观。饥饿、寒冷、挨打自然有其作用，因为这些处境让我们不得不立刻吃饭、取暖和自保。但我们的心理世界是靠我们的意象造就的，而在这些意象中，外部参照起到的是组织内心世界的作用。这就是为什么像父母吵架、他们夫妻间的一些惯例或是搬家这些家庭事件总能引发我们的情绪，给我们的回忆加上时间坐标。之后，随着我们的成长，外部参照将会更具社会性：学校、老师、打架、考试，之后还有职业的变化以及诸多政治事件，所有这一切都参与组织周遭那些进入我们内心、浸染我们内心世界的事件。

这就是为什么，尽管时间坐标来自外界，我们赋予事件的含义却只做私人用途。但是一旦我们将回忆以故事的形式讲出来，私人回忆便会立即脱去荒诞的外衣。萧沆讲道：“我二十岁的一天下午两点，我记得很清楚，我在母亲面前往沙发上一瘫，说道：‘你真是烦死了。’我母亲回答我说：‘早知道你是这样，当初我就打胎了。’这句话不但没有让我感到不快，反而给我一种非常奇妙的感觉。我记得当时没有表示愤慨，反而面带微笑，母亲的话犹如一个启示：我的存在毫无必要性可言，只是偶然的结果，这无异于一种解脱。”①

我们若是逻辑生物，早就在痛苦中不能自拔了。正因为我们是心理生物，会在心中赋予每件事一个受我们在成长和经历过程中所处环境浸染的私人含义。这也解释了为什么有些话会让一些人感到受伤，而令另一些人获得解放。

小米歇尔之所以把德朗西集中营的拘禁看作一件高兴的事，是因为在他此前的经历中遭遇过一段可怕的感官隔离，这段时间很可能损伤了他大脑中与情绪和记忆有关的部分。于他而言，拘禁在集中营好似冰雪消融，美妙无比。他贪婪地感受着一切令人惊讶的事，这些事对他人来说意味着死刑，而在他看来却意味着重返人间。

现实有多恐怖，梦境就有多鼓舞。无论是在奥斯威辛集中营还是在太平洋战争中，超人都是诗人

小米歇尔的例子让我们看到，面对同一种伤害，人们的反应有着惊人的多样性。在同一时期的同一个集中营中，有三个孩子随母亲一起被捕。一天早上，母亲离开孩子，不见了，很可能是被带到了奥斯威辛。当十岁的阿尔贝意识到他们再也见不到母亲时，他立刻就做出反应。他想：“好吧，从现在起，一切都要靠我了。”他先安置好了哥哥和年纪最小的妹妹，接着就去寻找食物。年长的爱德华绝望至极，他将自我封闭起来，满脑袋都是母亲，都是空虚感，都是母亲的突然消失给他带来的终生的巨大缺憾。最小的罗丝则惊讶于自己至今都还抱有的对失踪母亲的恨意，她总是不由自主地想：“妈妈，我怨你抛弃了我们。”

战后，阿尔贝被安置进了一个缺乏温情的收容家庭。他要做很多

① E. M. CIORAN, *Le Magazine littéraire*, n° 327, décembre 1994, p. 19.

讲的是父亲作为英勇的士兵在战斗中牺牲的事。我不识字，但我觉得这泛黄的纸片中有一种大人看不到的神奇力量在声言父亲的好事。”

在成年人看来，这些成熟得过快的儿童在悲凉的世界里游荡，没有家、没有床、没有食物，也没有学校。但是过分关注现实，成年人忽略了一小段绳头或一片碎报纸的奇妙力量。如此一来，他们便会以卫生和规定为名，将这些微不足道的宝藏扔掉，进而捣毁受伤儿童的心灵洞穴，破坏他们在游荡中得以躲藏、重见已逝父母的魔法地下室。因此，毁坏这些小宝藏、捣毁心灵洞穴的做法，总是会导致儿童现实的出走，加剧他们的游荡。

如果我们真的想支持这些受伤的孩子，就要让他们变得活跃，而不是把东西塞给他们。多给他们东西并不能帮助他们，正相反，向他们要求更多才更能够使他们变得强大。

流亡也是一所孤儿院。收容文化支持伤者时，别离之伤亦能愈合。对孩子来说，学校和工作成了修补父母所受之伤的幸福地

流亡经历能够让我们理解苛求是一个多么重要的保护因素。几乎所有的调查都证明，凡是移民都会变得焦虑。他的根被切断，呼吸着不为他所理解的语言空气。每当见到人，他就变得不知所措，因为他听不懂话，看不懂手势，无法自处。尤其是他离开了自己亲近的人，几乎所有的人际关系都被扯断。而移民越是孤单就越会感到焦虑，其表现就是服用药物和以非法行为进行宣泄的人数变得更多①。在社会侵犯的作用下，

① M. TOUSSIGNANT, *Les Origines sociales et culturelles des troubles psychiques*, Paris, PUF, 1992, p. 225.

儿童分裂人格以便承受侵犯，而当包裹着他的社会体本身变得支离破碎，当人际关系变淡，当事件失去意义不知所云的时候，移民的个人身份会裂成碎块。

移民最初几个月的欣喜很可能由与小米歇尔类似的现象来解释：他在被关进德朗西集中营的时候高兴坏了，是因为此前他受到了严重的社会隔绝的折磨。这些移民离开自己的国家是因为他们在那里感到痛苦，而梦想中的收容国给了他们巨大的希望。

遇到的任何人、发生的任何事，哪怕对他们来说难以理解，都能成为他们梦想成真的证据。然而几个月的蜜月期后，失落感也是沉重的，重回地面上的他们备感痛苦。这时，早期的焦虑性障碍和绝望行为就开始表现出来。这些移民能不能适应，很大程度上取决于三个因素：收容的质量、含义和性别。如果移民能带着一点与出生地有关的东西来到新的文化，他就不会那么迷失方向，因为他在身边留有自己过去的几个参照，让他能够快速地学习收容文化的坐标。

去往法国南部的那部分越南船民受到了讲他们的语言、保有若干他们习俗的对等家庭的接待。收容体系也随即组织起来，向他们提供资金上的帮助，提供住房，教他们语言，还帮他们找工作。几年以后，他们的孩子上了学，钓起了鲃鱼，还有一嘴的马赛口音。这一群在越南受到过极端伤害的人中的另一部分被引向了英国，而那里没有为他们准备任何收容体系。这一小群人中出现了非常多的药物服用者和罪犯。其中一小群难民儿童被安置在难民公寓，他们当中精神障碍患者的比例很高①，但是随着被领养，这些障碍也很快消失了。

两种极端的社交策略似乎对这类人群是有害的：隔离和同化。“加

① Y. S. BEN PORATH, *Issues in the Psycho-Social Adjustment of Refugees*, Minnesota, National Institute of Mental Health, 1987.

拿大大草原上相对偏僻的温尼伯市的埃塞俄比亚难民聚居地只住着大约二百人。"① 这个难民聚居地深受隔离之苦，对这群人的影响就如同感官隔离对个人的影响一样：无法走出自我，寻求环境的支撑。海地难民在美国不得已的孤立和哈西德犹太人群体的自我封闭都说明，与其他文明世界断绝联系便会困难重重。没有人催，这些人就不愿结婚，他们的社会化情况糟糕，还常患有精神障碍。

同化似乎也是有害的，因为它与移民订立了这样一份契约：只有你们放弃自己的记忆，变成我们，才会获得我们的接纳。然而记忆缺失者是无法赋予所感知事物以含义的，因此这样一个契约通过剥夺移民过去的身份而使他们顺从于周围环境。他们变成影子，成为需要社会救助的人，切除他们的历史使他们产生一种集体抑制。在一个我们认为已经被同化了的社群，有时会观察到被抑制的行为突然爆发，猛烈而惊人。这是因为我们经常忘记，与抑制相比，更为正常的是被抑制的东西的再现②。一个群体看上去已经被同化，是因为它对一部分现实视而不见，它禁止自己看到某些问题，禁止自己在语言上或在社会层面上去面对问题，从而把问题消化掉。这就是这个群体被同化要付出的代价。收容文化要支付高昂的成本才能接受这些被切去一部分身份的人，直到某一天，一点小事就能阻塞阀门，让问题爆发，而所有人还都不知道为什么。

双重文化不是最简单的解决办法，因为它要求对两个精神世界进行学习。可它看起来更人性，让人更充实③。当身边有人的时候，文化适

---

① M. TOUSSIGNANT, *op. cit.*, p. 228.

② S. FREUD, «Les psychonévroses de défense», *in* Névrose, *psychose et perversion*, 1894, Paris, PUF, 1974, p. 1-14.

③ J. M. BERRY, V. KIM, T. MINDE, D. MOK, « Comparative Studies of acculturative stress», *International Migration Review*, n° 21, 1987, p. 491-511.

应的压力就会减小。这样一个安全区可以作为探索和学习收容文化的基地。美国南部的墨西哥裔中，会讲两种语言的人出现健康问题的数量是不会讲英语的人的三分之一。加拿大边缘化最为严重、压力最大的韩裔是那些只会一种语言的人。当父母只会讲出生地的语言，而孩子又只学收容地的语言时，语言的撕裂会导致家庭的分裂，代与代之间无法理解。为了让孩子更快被同化，父母们几乎总是不愿把自己出生地的语言教给他们，这是非常错误的。

最后，性别在这种因背井离乡而导致的创伤中起着重要作用。女人迁移的情况较少，但孤单的时候，她们的痛苦更为强烈。找到工作的男人因为须要讲话，所以比待在家中的女人更快融入当地。而女人们则经常聚在一起，怀念远方的故土。然而，当男人的工作不怎么需要他们讲话的时候，负责家庭生活的女人则融入得更好。

但是这种与故土的分离，这种文化上的痛苦撕裂的结果不总是坏的。对于移民的子女而言，学校可以成为融合的场所。孩子学习好对移民父母有修补作用，而对本地儿童而言，学习好没有这层意思，课堂经常是令他们感到厌倦的场所。亚美尼亚人的孩子法语课要取得最好的成绩，以便安慰他们的父母。在被驱赶出中欧国家的犹太人家庭中，这样一句骄傲的话总是被人挂在嘴边："我的儿子是老板的左右手。"因为它让父母重获自豪感。基于所有这些原因，初来者经常能够迅速到达本地人口的精神健康指标，甚至比本地人还要好。当后来者受到支持的时候，他们可以战胜自己的不幸，他们孩子的学习成绩有时要好过先到者的孩子。至于犯罪，它因群体不同而差别巨大，但大体上取决于是否有融合的可能①。

---

① M. TOUSSIGNANT, *op. cit.*, p. 233.

会感知到他们的回答。这种循环往复的欺骗游戏最终将产生真实的关系，让我们终生行走在钢丝绳上。

这就是为什么有受害者协会却没有幸存者协会。在中世纪，受害者与侵犯者要一同获罪，因为他们曾与后者有过近距离接触。而今天，我们文化的献祭需求促使我们向他们伸出援手。目前，令我们的文化存有疑心的是幸存者。他们以为他们是谁？难道他们有不死之身？他们是否自以为高人一等？

这样一来，幸存者便会为他们的自豪感到羞愧。“当我发现所有朋友都死了，只有我一个幸存者的时候，感到无比喜悦，因为我逃过了死亡。为什么是我呢？可是救援人员一到，我就因自己的庆幸而感到羞愧，并全力给他们帮忙。他们都说我很勇敢。”幸存的负罪感与力量感相结合，会使人想把秘密藏在心底：“别人要是知道了，不知道会怎么看我。”

因耻于幸福而几近荒唐的时候，有复原力的儿童会向弱者伸出援手

稳定环境中成长的孩子会获得稳定的反应，这些反应构成他的性格。相反，与死神擦肩而过的极端体验会让他脱离正常人的状态，让他产生混杂的感觉，就好像他用一句话同时在说：“我是有罪的，也是无辜的；我受命运眷顾，也耻于引以为荣。”讲话变得不容易，因为负罪感在折磨他：“因为我没听话，父母被枪决了。”如此一来，幸存者会变得卑躬屈膝、过于听话。但是每晚睡前他都会奋起，在自己编造的假想法庭上拼命找借口替自己辩护。当第二天他在校园里看到有弱者需要帮助的时候，会立刻跑去伸出援手。如果社会中存在救助弱者的机构，他很可能会以之为途径，去说出昨晚刚想好的辩护词。反之，如果社会只相信表象，荒唐就不远了。

香在受伤后被安置进了救助机构。一天，他看到来了一个戴着假腿的新人，便立刻被这个名叫清的人吸引住了。香可能更想要一个勇敢活泼的玩伴，可他又不好意思把清孤零零地扔在一边。于是他只得小心翼翼地同清玩。相反，清觉得终于有人把他当正常孩子看了，便与香厮闹起来。香不好拒绝，可是清那么弱，香轻而易举便能扳弯清的上身，然后轻轻地在他的假腿上来个腿绊，顺势把他放倒在地上却又不让他跌得过重。

这时来了几个护工，他们以香不道德为由揍了他一顿，再进行思想教育。在集合去食堂前，他们还在所有人面前羞辱了香，说他以强凌弱。

面对护工的说教，香躲进了自己的内心世界，整个战争期间他就是这样过来的。面对羞辱，他的内心是平静的。他清楚，自己多次逃出鬼门关，与常人不同，与这几个什么都不懂、只是凡夫俗子的护工不同。

幸存者幻想出的这个心灵法庭对他们有安抚作用，因为他们终于可以在受侵害时为自己辩护，用精心组织的辩护词重新赢得活下去的权利了："护工审判我又何妨，我是超人，对的人是我。"在极端处境中，现实会催促幻想登场。

事实上，这一法庭之所以被期盼，是因为它提供了平反昭雪的场所："是的，是的，他们都无罪，是一股沉重而阴郁的力量推动他们那样做的。万亿普特的重量压在他们身上，他们不得不如此。活着的人当中没有一个是清白的……所有人都有罪，包括你——被告，包括你——检察官，也包括我，尽管我一直在评判着你们这些被告、检察官和审判官。/ 可是，为什么我们会为人类的卑鄙下流而如此痛心、如此羞愧呢？"①

① V. GROSSMAN, *Vie et destin*, Lausanne, L'Âge d'homme, 1980, p. 9.

孤儿说："好吧。我活着因为我是凶手。可我是无辜的，是现实疯了。我要是告诉你发生了什么，你都不会相信。命运眷顾我，因为我是唯一的幸存者，是死人堆里爬出来的。我弱小，我伤痛，我有罪，我绝望，我幸运，我伟大，我愉悦，我羞耻。不过可千万别可怜我，因为我战胜了死亡。"

稳定环境下安定的儿童是说不出这样的话的，因为他们内心统一的结构造就了他们统一的人格。

而极端环境下的儿童内心结构有如逆喻：他的负罪源于无辜，他的羞耻源于自豪，他的英勇源于怯懦。他在天真无邪的年纪被判有罪；他耻于因活下来而感到骄傲，因为他所爱之人已长眠于斯；他的英勇恰好佐证了他的怯懦，因为他要是真的勇敢的话，就应该陪亲人赴死。

身边的人对这种逆喻能力的形成是有重要作用的。胜利者都是可疑的，受害者都是可爱的。救助机构发现收容的孩子是强奸的产物而表现出憎恶，这种情况并不少见。集中营相关书籍的读者也常常是喜欢读这类内容的人。还有的时候，一个成年人厌恶救济所里的孩子却亲切地照料他，只是因为他喜欢这种憎恶感。他编造出帮助可怜儿童的剧情，用以表现自己有多慷慨多崇高，因为他扮演着善待可怜人的角色。这样一来，孩子便学会了用不幸换感情。苦痛若"不幸"治愈了，大人也就失去了爱他的理由。

对战胜命运的儿童的钦佩也具有双重性。太过富有逻辑的言论体现不出说话者的心理。当一个成年人说"我欣赏这孩子，年纪这么小就是赢家"的时候，他心里其实是想说："我恨他学习那么好，我女儿却总是失败……再说他凭什么成功？他必然是凶手，也一定出卖了肉体灵魂，否则他就跟其他人一起死了。"

关于对有复原力儿童的双重态度，罗赛琳的命运给了我们一个典型的例子。人们先是说："她十七岁被押往集中营时长相出众。"接下来，人们赞叹她在学识上和社会上的成功，直到有一天有人补充说："她的日子可不容易，她能有今天好像是靠卖淫。"如此一来，经典剧情便再度上演。人们喜欢的是可怜巴巴的受害者，这样在帮助他们的时候才能自我感觉良好。一旦烈士变英雄，掌握权力，他们就变得可疑，因为猎物变猎手是不符合自然规律的。

况且，幸存者一身都是晦气，整天拿他们的不幸来烦我们。餐桌上聊乱伦，这合适吗？讲述在集中营的日子是想怎样，让我们有负罪感，要我们流眼泪，还是想多要点抚恤金？

最后，亲人没了还能把日子过得有滋有味的幸存者是不道德的。在悲秋伤春的文化中，欢愉永远是肮脏的[①]。亲人命悬一线时还能感到幸福的人是可耻的，可是拒绝同亲人一起覆灭的有复原力的儿童正是这样的人。

当受人钦佩之复原力受阻于同样受人钦佩之团结。当亲人的死解放了自己的创造力，谁敢承认

穆卢德长相出众，成绩更是没得说，毕业班的老师们决定让他去读精英大学的预科班。当天晚上医生就接到电话，穆卢德感到强烈的胃痛，几近昏迷。无需多想，穆卢德是因为想到将要抛下母亲和九个弟妹才焦虑得翻来覆去。可不是吗，好好学习就有可能被录取，那就意味着要抛弃守寡的母亲，而且不识字的母亲根本无法一个人养育弟妹。焦虑在几天后消失了，因为穆卢德有了决定，他要在高中会考时故意考不过。穆卢德获得了当下的安宁，却失去了本属于他的发展个性、获得成

① E. PEWZNER, *L'Homme coupable. La Folie et la Faute en Occident*, Odile Jacob, 1996.

功的机会。人们非常赞赏穆卢德的气概和牺牲，也带着惋惜之情夸奖他在学校里多么优秀，但是没有人敢捅破窗户纸，说穆卢德要想继续发展，他的母亲得先死掉，再把他的弟妹送到孤儿院。这个令人后背发凉的解决方案是穆卢德获得复原力的条件，正如那些在父母死后创造力“起飞”的孩子一样。

普鲁斯特、弗洛伊德和马克斯·韦伯都是在父亲死后才获得“创造力的起飞”① 的。父亲太强，管束太多，刚成年的孩子不得不向父亲看齐；父亲不在了，无需再与之保持一致，孩子便获得了父亲在世时不敢去争取的精神自主。

乔伊斯和帕斯卡也因丧父而获得了同样的解放。我自己也观察过多个孩子在丧父丧母后创造力起飞的例子。十七岁的罗贝尔极度自抑，他不敢讲话，不敢与父母对视，不敢跟朋友出去玩，更不要提追女生了。他说：“得知母亲将死，因为她自己射进头部的子弹造成了过重的伤害，那一刻我的焦虑全都不见了，我感到无比的自由，身子都轻了。她的死让我痛哭不止，因为我是爱她的。但我感到自由，因为我无需再按她的意愿而活，我可以做自己想做的事而不必担心惹她不高兴了。”接下来的十年间，罗贝尔出色地完成了法律学业，在一家大报社做记者，周游世界。他买了一所漂亮房子，还生了四个孩子。

帕特里西亚非常崇拜自己的父亲，他是一位重要的政治家。父亲因心肌梗死突然去世一度让她感到绝望，而随之而来的轻松也让她惊讶不已。她不时爆发的焦虑再没有出现。她接手了家庭管理，捡起了她的舞蹈课，还辞了先前父亲给她安排但她做得很绝望的工作。她做这份工作只是为了遵从父亲的意愿，现在父亲不在了，她可以选择一份更适合自己的工作了。

---

① D. ANZIEU, *Le Moi-Peau*, Paris, Dunod, 1985.

幸存者不需要可怜。与其说他们是受害者，不如说他们是杀手。让他们抵赎活下来这宗罪的最好方式，就是让他们向我们献出他们的创造。

与精英学校或普通人群相比，那些靠创造力为生的圈子当中，有丧父丧母经历的人的比例要高很多[①]。在三十五位进入法国文学教材的作家中，有十九位有过幼年丧父丧母的经历[②]。孤儿成为著名作家的人数也相当之众：波德莱尔、勃朗特三姐妹、拜伦、柯勒律治、但丁、陀思妥耶夫斯基、大仲马、爱伦·坡、卢梭、乔治·桑、斯威夫特、托尔斯泰、伏尔泰。我们还可以援引大量其他调查让这份名单变得更长。

不过也要指出这当中的一个阴暗面：当纵向跟踪有幼年丧父丧母经历的群体时，我们发现，他们当中的大部分人要比离婚家庭的孩子发展得好[③]，主要从事与创造有关的职业，但是他们当中成为罪犯的比例也很高。

管控缺失、创造力和犯罪之间常常只有一线之隔，这种现象现在有了解释。无论是面面俱到的家庭还是组织严密的社会，其过度的管控都能给儿童带来安全感。然而强迫儿童按父母或社会上各种负责人的指令发展也会限制其创造力，因为他只能学会复制指令。因家庭悲剧而摆脱了这些约束的孤儿有可能遇到一个愿意倾听他心声的收容机构。这时，他所处的边缘处境就会促使他去讲出自己的不幸，去创造一种新的看待世界的方式。如此一来，他就站到了创造者的位置上，成为科学发明家或艺术家团体的一员，因为这些向文化中注入新鲜血液的人必然是边缘的。

---

① A. HAYNAL, «Les orphelins savent rebondir», *in* Colloque Châteauvallon-Ollioules, *Ces enfants qui tiennent le coup*, Revigny-sur-Ornain, Hommes et Perspectives, 1998, p. 49.

② J. M. PORRET, *Orphelinage et créativité*, 博士论文, Genève, 1977。

③ A. HAYNAL, *ibid.*, p. 50.

另外，对移民进行的研究告诉我们，未成年人身边若没有情感和社会框架，他强烈的欲望就难以被疏导。而当强大的能量没有被加以利用时，它便会转变成随时可能爆发的暴力。与移民一样，家庭或社会结构被打碎的孤儿若是有表达之所，就有可能成为创造者；若是能量无处宣泄，就可能会变成罪犯。

以上关于孤儿、移民、罪犯和发明家的简短思考将我们引向这样一个观点：机体的简单存活取决于生态环境，而存活的方式则是集体行为的结果①。

极度创伤导致的迟钝往往没有潜伏性伤害留下的痕迹多。神话的冷暴力所造成的破坏可能比狂热的恨要大

莫桑比克战争期间，几万名六到十二岁的儿童目睹了集体屠杀，忍受了酷刑，有时还亲自参与了这些暴行。经常出现孩子正拿着枪站岗放哨，与此同时，他的伙伴们将他的父母斩首，将他们的身体肢解，还把脑袋插在木棍上的事情②。多数时候，这些儿童表现得呆滞。过于注重表象的亲历者会说他们冷漠。实际上他们是麻木的，既有身体上的惰性也有心理上的惊愕。否认对他们来说太过必要，因为若不回避一切，就要直面自己要杀人的现实。

若干年以后，当人们看到他们面带微笑，总会问他们为何没有死在当场。如果当时他们各自为战，必然都会死，就像我们见到的那些时不时犯极度迟钝症的儿童那样，犯病时爆发的愤怒无法抑制，针对一切，

---

① N. BOOTHBY, «Children of war: Survival as a collective act», *in* M. Mc CALLIN, *The Psychological Will-Being of Refugee Children*, International Catholic Child Bureau, Genève (BICE), 1996.

② N. BOOTHBY, *ibid.*

包括他们自己。他们之所以能适应当时的处境，靠的是否认；之所以能挺过来，是因为身边还有别人。决定他们复原力质量的是他们在创伤前和刚刚受到创伤后所建立的关系的质量。

因为被抛弃或家人患病而没能在考验之前建立起良好关系的儿童，会因为过于脆弱而经不住打击。他们经常会失去理智，变得紧张兮兮、心不在焉、局促不安或如在梦中。相反，拥有持久关系而心理得到稳定的儿童成功地找到了几种防御机制，如否认或憎恨。

悲剧发生之时，儿童身边要是有一个稳定的框架来依靠、几个社会惯例来遵守、一个角色来扮演或是几个动作去做，他们就能比那些单纯在场、碰巧在那里目击一切的人更好地应对打击。

悲剧发生之后，如果被重新纳入一个群体，在当中承担某种责任，他们便可以重新开始生活。但是在他们的成长过程中，被他们的内心包裹起来的巨大伤口还是会逐渐显现出来。表面上看没有什么不同，但他们的生活轨迹已在无声无息间被悲剧完全带偏了。

即使是在心理学中，人们也还是像机械师一样思考，认为唯一的原因就能产生一个总体上的结果。就像说汽化器堵塞会导致车辆“打嗝”一样，同样的方式可能让人认为童年期的重大创伤能为后来的所有痛苦提供解释。当一个事件过于明显，它就会像晃眼的光一样让我们看不清真相。急性创伤的表现的确壮观，却有可能并没有慢性创伤的破坏力强，因为潜伏在那里的慢性创伤会在成长中的心理被环境浸染的全过程中不断发作。

急性创伤当然是有破坏力的，但是它们的影响会比在记忆中留下痕迹、改变情绪、学习和自我感觉的不间断束缚更持久吗？当受害者因侵害过于强烈而变得迟钝，他们常常以昏厥来回应。他们若是保持意识，其焦虑之强会让他们有目睹自身悲剧的奇特感觉，就像看见自己坐在床上的陀思妥耶夫斯基或幻想参加自己葬礼的尼采那样。不过当过于强烈

潜移默化地塑造着自我感觉的冷暴力是由一些微不足道的行为、极小的动作、寻常的话语组成的，是它们构成了儿童赖以成长的环境。当救济所的一名儿童说“我要通过高中会考，成为律师”时，无需长篇大论就可以阻碍他实现梦想。耸一耸肩、撇一撇嘴、目不转睛地看他几秒钟对他来说都意味着：“我刚刚讲了蠢话，这个梦想对救济所的小孩来说是不可能的。”对童年在救济所度过、现在已经成为律师的人做同样的动作，则会引起全然不同的情绪，因为成年人有自己的历史，他能够给相同的情景以不同的含义。此时他在想：“你们说这不可能，而我的社会成就说明，你们不仅错了，还一无所知。”对于还不知道自己是谁、有多少斤两的儿童来说，这样的眼神足以令他心中充满气馁；而对于有历史的成年人来说，同样的行为会令他在优越感中获得瞬间的快意：“他什么也不懂，我的一生已证明他是错的。”

这些慢性暴力，这些不能算作事件也无法讲成故事的行为迹象，对成长中的人格很可能有着毁灭性的影响，比易于言说的急性创伤更为持久。今天苟活于加沙地带的巴勒斯坦儿童和生活在希伯伦的以色列儿童都被这种潜在的暴力深深地影响了。相较于更易于讲成神话的重大悲剧，这种暴力更有效，却更不自觉[1]。

针对在族长洞穴祷告的巴勒斯坦人的屠杀，在事件发生后立即就被敌对双方整合进了各自的神话当中，目的是以愤慨和愤怒壮胆。然而真正将仇恨灌输给每个儿童的恐怕是日常生活中屡见不鲜的小事。自我感觉一旦被浸染，就会在记忆中留下意识不到的痕迹，剩下的就是看什么时候出事了。

1930 年代的民族主义宣传让法国的小学生学会了憎恨德国鬼子。每

---

① R. L. PUNAMAKI, « Psychological Reactions of Palestinians and Israëli Children Toward Violence », *in Children in war*: *Proceeding of the Symposium*, Finlande, Siunto Baths, 1983.

当见到德国人，只要他笑得稍微大声一点，只要从他嘴里跑出喉音，都会给刻在法国小孩脑子里的对德国人的憎恶提供依据。在这个例子中，现实只是给小孩的感觉提供了借口，而让他有这种感觉的是他所处的制度环境中的冷暴力。今天的法国小孩和德国小孩已由另一种日常环境塑造，使他们能够肩并肩去给祖父扫墓。不过，尽管德国人不比其他欧洲人受致命意识形态的迫害轻，但有关他们摧毁了欧洲的神话依然在流传。

将急性创伤表现出来并非难事。我们毫不费力就能将其做成画面、写成故事、写成美丽的悲剧史诗来歌颂英雄。可是毁掉一个人的希望、打消一个人的梦想的神话，是如何靠耸肩或轻蔑的叹气构建起来的呢？悲剧事件尚可扭转，没有意识的动作何以表现？

要想转化恐惧，须要创建情绪得以宣泄的场所。
重新社会化如果做得“像什么都没有发生过一样”，
反而会突出伤口。而实际上，只要将伤害画出来、
表现出来、讲成故事或变成积极的诉求，
就可以轻而易举实现伤口的转化

武科瓦尔儿童被收容进斯潘思科难民营后，随即着手将自己刚刚经历的不幸画出来①。孩子们边画边说，画面帮助他们表述，而他们的画也帮他人读懂战争。

一开始的时候，两百名三到七岁的避难儿童被送进了邻近的学校，以便恢复他们的社会化。但是刚刚经历的战争让他们深深觉得自己与众

---

① M. GRAPPE, « Troubles psychiques post-traumatiques chez les enfants victimes de guerre; séquelles simples et formes cliniques graves », *La Revue française de psychiatrie et de psychologie médicale*, n° 10, septembre 1997, p. 38-43.

不同，不属于那些有父有母、每天上学的正常小孩的世界。

过于急切地让他们重新社会化反而凸显出他们的异于常人之感。这导致了他们的哭闹、叫喊和拍打。过程是困难的，因为将刚刚目睹惨剧的儿童和其他已经十分开化的儿童放在一起，无疑突出了受伤小孩经历的非正常事件，让他们觉得“跟别人不一样”。相反，如果把所有“不正常的”小孩集合在一起，就无法改善他们的自我形象，尤其是他人的目光还给他们贴上了可怜又有些讨厌的受害者标签。

让他们再度社会化的最有效、最后看来也是最快的方式，是转化创伤。只要能把创伤说出来、画出来、表现出来或是想出来，就能掌控在打击发生时令我们应接不暇或使我们不知所措的情绪。也就是说要通过对悲剧的表现去改写打击给我们带来的感觉。

儿童虽然远离了恐惧，但他们不仅依然受其困扰，而且还没有学会自己文化的规矩。许多柬埔寨儿童在难民营待了几年后重返学校，却连回答老师提问时不能翻书都不知道。与谴责他们作弊的教师之间的这种误解，在儿童已有的情绪障碍之上又增加了交往障碍的问题。

1940 年意大利战争结束后，雷纳特·斯普伦格尔负责照顾一群失去了双亲的八到十一岁儿童。几年以来，这些儿童与许多擦皮鞋的人一样在街上讨生活。除了擦皮鞋，他们也会乞讨和偷窃一点点食物[①]。他们能睡哪就睡哪，时常被殴打和强奸。雷纳特收容他们的时候，惊讶地发现他们有两种相关但对立的行为：既迟钝又好斗。

这正如同四十年后人们在武科瓦尔儿童那里发现的情况。“我觉得他们太听话了，我们从他们那听不到同龄儿童聚集在一起后该有的典型声响。”[②] 他们依旧孤僻，不爱玩，不是吸吮大拇指就是搅弄头发。他

---

① R. SPRENGEL, *in* R. FAJRAJZEN, *The Psychological Educational and Social Adjustment of Refugee and Displaced Children in Europe*, Genève, UNESCO, 1952.

② M. GRAPPE, *op. cit.*, p. 40.

们走路不摇摆手臂，眼神僵滞不眨眼皮。这一动物行为描述为这些儿童的内心世界提供了行为上的征兆：他们将否认发展到足以产生虚空感的地步，这虽能让他们免于痛苦，却阻碍了他们创造心理生活。他们以刻板的方式漫游，创造出的只是生活表象。对他们来说，心理虚空是种防御机制。如果人们为了帮助他们而调动了过多的情绪，他们便无法承受，进而将情绪转变为暴力。乔治在罗马街头生活了三年后被一家救助机构收容，一位好心的女辅导员把一件儿子的玩具送给了他：一架锌材料做的小飞机。乔治高兴坏了，他感受到了一股充满爱的强烈情绪，却随即转变成了焦虑。他扔掉飞机，在墙角用脚将它踩得稀烂。绝大多数经历过情感缺失的儿童都会表现出这样的行为流程。当幸福与焦虑并行，没有规矩教过他们怎么去控制。我们看到的婴儿，他们笑久了会哭，就属于这种情况。还有那种更常见的情况，即玩得兴奋的孩子会突然开始拍打，好像无法控制自己的情绪升级一样。

儿童都是被其环境浸染的。环境中若是充满恐惧，儿童便掏空自己，避免痛苦，与失去意识或翻脸以免直视可怖现实的成年人一样。而当情感复苏，儿童又没有学过如何控制。与先前儿童掏空自己、避免受失控情绪之苦相比，幸福的事件给他带来的情绪同样强烈。这个时候，拥抱还是猛击于他而言并无差别。这种情绪反应会有什么后果，这完全取决于成年人的解读。如果成年人把这种儿童看作毫无价值的怪物，他就会组织起专为无价值的怪物准备的教育路径。为了适应，儿童就要学会争斗。如果教育者明白，这样的儿童只是还没有机会学习控制溢出的情绪，他就会为儿童准备用以转化恐惧的场所。

所有这样的儿童都患有带有身体反应的焦虑和情绪障碍。斑秃的情况并不少见，睡眠和饮食障碍则更为常见。然而仅仅几年之后，他们当中的一半都不再有明显的障碍。上学和学习已经恢复正常，甚至“他们中的大部分人［…］都表现出了同年纪儿童应有的学习能力，其中的一些人还通过非常积极地完成学前任务，表现出了过度补偿的反应”①。这些儿童常常把学校视为幸福之所在，因为那里有小伙伴、有许多的游戏。在他们的生命中，成年人终于不再是凶手，甚至变得亲切了，而学校提供的固定框架也让他们学会了组织情绪的规矩。这些孩子当中不乏有人经常提前一小时就来到学校门口，在门洞里冻得发抖，这岂非因为学校成了他们生命中第一个有爱与欢乐之事发生的地方？

这些儿童的命运取决于社会目光。其中一部分儿童的障碍被当作其品质低下的证据，他们会被引向专属于劣质儿童的救助机构，并在那里学着成为罪犯。被引向以文化适应为目标的环境中的那部分儿童，则把学校视为幸福之地，并在那里将恐惧转化。“我们不能用儿童的个体特点去解释他们的脆弱，而是要用一般的、无人称的字眼去理解它。我现在认为，儿童在走向成熟的各个成长线路上取得的进步，取决于外界诸多有利影响与内在结构发展之间的互动。”②

一名有魅力的园丁、一位启蒙大姐姐或一个政党都能改变痛苦的含义

在上述“成长线路”中，在这些指引儿童的“启明星”中，马里-罗丝·莫罗发现了一个具体要素：“那些学习好的移民后代身边总有一个人扮演了‘启蒙者’的角色。他可能是阿卜杜拉耶的老师、哈米娜的

---

① L. MORISSEAU, «Un aspect psychopathologique de la violence dans la guerre chez l'enfant: le clivage individuel et collectif dans les traumatismes dans le psychisme et la culture», *in* B. DORAY, C. LOUZOUN (dir.), *Les Traumatismes dans le psychisme et la culture*, Paris, ÉRÈS, 1997, p. 185–189.

② A. FREUD, *L'Enfant dans la psychanalyse*, Paris, Gallimard, 1976.

大姐或是哈米德的善良邻居。”①

我们的文化过于强调功能，忽略了启蒙人的作用。经历过情感缺失的儿童太需要身份认同，无需做太多就足以向他们提供那条“成长线路”。而太多时候，文化禁锢在自己的公共言论之中，连一颗启明星也无法给他们。

莫里斯生命的前十年都是跟着酒鬼父母度过的，他每天都要挨揍。十岁时，他被安置进了一家救助机构。他在那里的日子不算好也不算坏，直到有一天认识了一位园丁，他的生命才重获希望。他每天都等这个工人来上班，迫不及待地想问他一些寻常的问题，而园丁也耐心地回答他。在成年人眼中，这不算什么，只是短暂地放下手中的活去回答孩子的问题而已。可对小孩来说，这可是件了不得的大事，因为这是他生命中第一次有人耐心同他讲话，也是他第一次有机会听到有关花的美丽故事。如今莫里斯在大学工作，是他向我们讲述了园丁的童话，因为这个启蒙人曾用一句话或一个动作就化解了他的痛苦。

当“儿童暴露”② 在致命风险或粗暴的环境适应之下时，他就不得不发生变化，进行自我转变。“如果儿童能够抵御跨文化风险，如果他能在自身能力或环境中找到可以帮助他控制这个危险的要素的话，他就会确信自己异于常人，几乎无法被伤害，直到某个事件激活深埋在心底的有关这个风险的记忆。”③

复原力与坚强性（invulnérabilité）毫无关系。儿童自觉与众不同才会认为自己不会受伤，但这不代表他真的不会受伤。更何况总有一些小

① M.-R. MORO, *Psychothérapie transculturelle des enfants de migrants*, Paris, Dunod, 1998, p. 93.

② M.-R. MORO, «D'où viennent ces enfants si étranges ? Logiques de l'exposition dans la psychopathologie des enfants de migrants», *Nouvelle revue d'ethnopsychiatrie*, 1989, n° 12.

③ M.-R. MORO, *Psychopathologie transculturelle des enfants de migrants*, *op. cit.* p. 174.

的时间就忘记了那些规定她们育婴行为的惯例。塑造孩子的力量如今来自母亲的个性而不再来自群体的传统。围绕在孩子周围，对其易感性的塑造发挥重要作用的感情已全然不同。年轻人因爱情结合在一起时，他们更重视个人而不是群体，以至于当个人差异在夫妻中出现，夫妻双方优先考虑的还是个人的快乐，绝不顾忌谈论离婚。包办婚姻中的情感冷淡足以令婚姻延续，因为这种婚姻的原因来自社会；而对于新式夫妻而言，火热的爱情是婚姻延续的必要条件。在这种婚姻氛围中成长的孩子首先经历的是相爱且不顾传统的父母给他们营造的温暖的“情感监狱”。在这种家庭中，社会角色并不明确，父亲的文化定位尤其模糊。到了十岁左右，相当多的儿童便会经历父母冷酷的分手。

不常见面的父亲角色变得更加模糊，伤心的母亲疲劳过度，而从没有在日常生活或故事中被接受的传统家庭既无法接过接力棒，又不能提供替代者。家长文化在科技和法律上的变化解释了为什么这一代人中有非常多的孩子在经历了让他们得以健康成长的温暖的情感监狱之后，会在完全没有文化过渡的情况下直接陷入情感沙漠。

尽管这些孩子的人格有显著的改善，但是他们当中抑郁和自杀的情况有大量增长，尤其是在单亲家庭和重组家庭中，抑郁和自杀情况的数量翻了一番[①]。这些不幸并不能用贫穷来解释，因为它们涉及社会的各个阶层。它们的根源更在于这些孩子缺乏情感力量，因为他们走出家庭的蜜罐便迎来了社会的侵犯，中间缺少文化中转站。

多人口家庭中父母扮演道德楷模角色的时代在西方已经没落。个人至上的文化不再以道德表率为价值，因为这要求父母全身心扶持子女。今天在西方体现道德的是对个人的尊重，而为了实现个人的全面发展，需要减少子女的数量，而且在必要的时候考虑离婚。这是完全对立的两

① G. LANGLOIS, «Les enfants et les parents d’abord», *Impact médecine*, n° 30, novembre 1998.

种生存策略，而且谁都无法说服谁。

这个简短的思考让我们明白，儿童的时间都是花在改变方向上的，而我们给他们什么样的成长环境取决于我们对他们的理解。科技增长时，个人发展的可能性就会发生改变，法律也会随着这种变化去核准或禁止某些成长路径。在一个儿童自然死亡、暴力体现适应能力的文化中，杀害和强奸儿童并不被视为犯罪①。在这种环境中，虐待不会被思考，儿童的出路只有死亡、痛苦或复原力，如果他们想要摆脱困境的话。

相反，在子女少、个人被重视的文化中，虐待就会被赋予让人难以忍受的形象，促使人们分三步来研究它：识别与描述；通过观察受虐儿童的发展来理解其影响；试着找到治愈他们的手段。

概念的发展是一项需要求知欲的工作，因为它的目的在于揭示一个存在于现实之中，但因为没有轮廓而同周围文化混在一起，使我们对它没有意识的现象。当抛弃孩子很常见的时候，人们没有办法认为这是犯罪，因为直到 1914 年之前，“所有人”都这么做。在 1941 年以前，儿童遭受殴打、被灌醉、干活干到筋疲力尽以及被性侵，成年人都不会受到惩罚，因为“都这样”。为了与贫困这种严重的社会虐待形式作斗争，工业化的英格兰建起了慷慨的救助机构，将儿童收容进习艺所。没有人会认为那里存在虐待，因为这是一个社会善举。只有像查尔斯・狄更斯这样脱离社会且“忘恩负义”的人才会说有人在里面受苦。

1870 年战争胜利后，普鲁士将严厉态度作为本国的教育原则。在普通学校和寄宿学校里，受苦是常态。英国那些“美好”的私立学校停止令人感到痛苦和耻辱的体罚，还是近些年的事。还有我们那些最有奉献精神的教会学校，它们可以毫不犹豫地把交给其照顾的小孩关进单人囚

① G. VIGARELLO, *Histoire du viol XVIe-XXe siècle*, Paris, Seuil, 1998.

室好几天，这种以道德为名进行的惩罚算得上是可以施加的最严重的心理侵犯了！

孩子在受苦之中学会了憎恨军队、宗教和学校①。然而许多人摆脱了困境，甚至还经常会感谢那些残忍的教育者把他们锤炼得足以应对生活。

虐待：一个新概念

1889 年的法国，一些人开始认为虐待儿童不好，还颁布了最早的相关法律，用以惩罚虐待子女的父母②。

但是要等到 1950 年代，才有人将儿童身上无法解释的骨损伤描述为重复挨打所致，他们分别是一位神经外科医生（英格拉哈姆）、一位儿科医生（卡菲）和一位放射科医生（西尔弗曼）。由医生来阐明虐待这个概念有利于人们思考提供证据的必要性这一问题，因为毕竟“正常人”需要证据才能听懂他们叫不出名字的东西。医生们的形象和资质足以充当证据，这使得对虐待的思考成为可能。而逃离土耳其的亚美尼亚人和从奥斯威辛回来的儿童没有任何证据去证明他们所见之事，就如同当年的卢旺达儿童今天也拿不出屠杀照片、行政命令或证书去证明曾有整村整村的人惨遭灭绝。

其实真正的运动是从 1962 年开始的，起因是儿科医生亨利·坎普发表的《受虐儿童综合征》。随后，儿科医生皮埃尔·斯特劳斯和法官让-皮埃尔·罗森茨维格参加了由雅克·巴罗成立的委员会，最终通过了由部长埃莱娜·多拉克支持的“1989 年 7 月 10 日法案”。今天，众多

---

① C. JULIET，*L'Inattendu*，POL，1992.

② P. STRAUSS，*Maltraitance：qui，pourquoi，comment?*，*in* L'Enfance maltraitée，Paris，Syros，1996.

组织［法国受虐待儿童信息与研究协会（AFIREM）、童年与分享（Enfance et Partage）、儿童基金会（Fondation pour l'enfance）、法国精神健康联盟（Ligue française pour la Santé mentale）］在米歇尔·芒修和米歇尔·勒迈等明星知识分子的指引下，都致力于阐明虐待及其修复的概念，也就是复原力概念。

这种枯燥的例举提出了一个有趣的问题：没有被思考过的东西是难以被思考的。有关虐待儿童的最初证词引起的反应几乎总是对证词本身表示愤慨。简单的思维认为侵犯者躲在远处，是坏人，穷凶极恶，很好辨认。那么搅扰这种简单思维的人就要倒霉了，因为他们在告诉大家，绝大多数的罪行和暴力发生在家里（97.5%）而不是外面①，十恶不赦的罪犯也可能慈眉善目，乱伦的父亲可能让人非常有好感。

一旦几位备受批评的先驱完成了思考的第一步，新的思维就会变成简单思维，成为人们共有的文化思维。紧接着就是所有人都开始进入一种目光所及之处皆是虐儿父母和乱伦父亲的状态。

某期刊发布了一个虚假数字，称有四十万受虐儿童；不少妇女为了顺利离婚称自己的丈夫猥亵他们的孩子；还有很多年轻女孩因为十分恐惧自己的父亲把自己锁在房间里②。

只要是一种特殊状况还无法被社会理解，否定主义就会大行其道。然而，让人们适应一个特殊事件是很难的，一开始是因为人们因事件过于特殊而无法相信，接下来人们又会因事件过于特殊而过于相信。这也是为什么给出受虐者的数字、发布虐待者的黑名单都是意义不大的行为。虐待概念本身就取决于一个文化是想让它模糊还是明确。至于身受其害的人，他们或对虐待表示愤慨，或因受虐而感到骄傲，这要看他们

① Lieutenant-colonel MASSON, *Journées UNICEF*, La Garde (Var), 5 novembre 1998.

② T. ANATRELLA, *Vendredi de Châteauvallon*, 1995.

所在的文化是想利用他们的悲剧让人发笑还是去控制人。因此最好还是试着去描述受虐儿童内心世界发生了什么，描述曾经的受虐儿童后来变成了什么样子。

知识越少，信念越深。质疑一种知识能让交流变得愉快，而对抗一种信念等于把对方当骗子、疯子或傻子。相较于构建一个概念，捍卫一个观点的时候人更容易恼火。集体思维的宗教作用远胜于知识作用：所有人都说同样的话可以让我们更好地相亲相爱，因为大家分享着相同的世界观。这也是为什么我们那么在乎那些刻板印象。因此我们何不一起说："那些受虐儿童如同被活活扒了皮……监狱里充斥着他们这样的人……他们呆滞……容易冲动……"十九世纪，大家都说私生子是魔鬼；二十世纪，人们都说"收容儿童有缺陷"。只是在弗朗索瓦·特吕弗的时代，这些儿童被认为有性格缺陷①，而今天我们说他们会延续虐待传统，说他们怎样被虐待的就会怎样虐待他人。

如何最有效地与有复原力的儿童擦肩而过

最可靠也是最费事的方法是观察一群受虐儿童，试着经常与他们见面，整个观察周期越久越好。这种方法被称作"纵向诊后病例法"，主要用于观察一群受过同类型伤害的主体的行为，核实可能由该伤害导致的影响②……

做此类研究的人经常会感到惊讶，因为伤者在二十到五十年后的境况与曾经护理过他们的人员的证词之间有着天壤之别。护理人员全都说，包括我自己也说过："虐待是代代相传的……受过虐待的人也会虐

---

① D BAUMANN, *La Mémoire des oubliés*, Paris, Albin Michel, 1988.

② P. STRAUSS, M. MANCIAUX, *L'Enfant maltraité*, Paris, Fleurus, 1993, p. 570–571.

待别人……救助机构里的这个女孩，我照顾过她的妈妈，我以后也会照顾她的女儿……”以上这些话都没错，但是在背后支撑这些话的信息收集工作中存在着重大的失误，我把它称为“职业偏颇”。专业人员只收集有问题的案例，即重复虐待、证实其理论的案例。其他人，也就是那些走出困境的人，他们独自过活而未被专业人员注意到。

因此我们应当进行自然主义研究，走出实验室和救助机构去和那些儿时受过虐待却没有将虐待传承下去的人交谈。

说受虐儿童可以长成有十足人性的成人，这绝不是说要通过虐待孩子来让他们成为全面发展的大人。童年时代在罗马尼亚被“极权主义的磐石”伤害过的赛奇·莫斯科维奇[①]写过：“我能再次逃脱或者说跟他们不告而别，至今令我感到惊讶……我同情那些有幸福童年的人，他们不用战胜任何东西。”

被我们的文化置于聚光灯之下的悲剧案例向我们的社会言论供给养分。留在影子下的复原力奇遇虽数量众多，但还没有被分析。

1946 年真正开启了情感缺失研究的那一项关键研究[②]很好地展示了这种职业偏颇。

这项出色的研究以简洁和清楚的方式强调指出，婴儿在“初生几个月的关键期”[③] 中间被剥夺母爱的话，经常会引起一系列可描述的行为：第一个月，婴儿爱哭，离不开观察者；从第二个月开始，他们拒绝所有接触，体重减少并开始失眠；到了第三个月，他们变得面无表情、心不在焉，如同迟钝了一般；之后他们会肚子朝下趴着等死，给他们吃的也没用；活下来的婴儿会患有严重的精神运动发育迟缓，不是变成低

---

① S. MOSCOVICI, *Chronique des années égarées*, Paris, Stock, 1997, p. 8.

② R. SPITZ, «Anaclitic depression», *Psychoanalytic Study of the Child*, New York, n° 2, 1946, p. 313-342.

③ J. LAPLANCHE, J.-B. PONTALIS, *Vocabulaire de la psychanalyse*, Paris, PUF, 1967, p. 24.

能者就是变成罪犯。

这种描述不断被照顾遗弃儿童的人证实，但有必要对其进行简短的评述。这项研究的结论在我们的文化中已如此根深蒂固，以至于今天每到监狱访问都会听到有人用幼年情感缺失来解释犯罪。

至今关于这项研究还缺少两个主份评语。勒内·斯皮茨 1946 年就说有恢复的可能："如果［…］我们把母亲还给孩子，或者如果我们能够找到孩子能接受的替代者，障碍会以惊人的速度消失。"① 更重要的是，没有人去看数字，也没有人去强调个体回应中惊人的多样性。一百二十三名失去母亲的婴儿中，十九名发展出了后来广为人知的依恋形式，二十三名患有可逆的心理情感障碍②。也就是说，只有三分之一的婴儿演变成死亡或重症的情况，而三分之二的婴儿得到了恢复这件事却无人提及。对这八十一名遭受相同侵害而没有死掉的儿童，没人有兴趣。在心理学文献中找不到这些儿童的身影，因为他们摆脱了困境。

我们的文化关注不幸，这不是说我们对痛苦的敏感是病态的。正相反，强调情感剥夺之暴行正是文明的标志。能不能看到不幸取决于不幸的轮廓是否清晰。在一个常有不幸发生的环境当中，人们对不幸的意识就会不足。就像暴力的文化容忍或无视暴力一样，在不再把暴力视为自然现象的社会中，暴力就会变得难以忍受。我们容易感受到不幸，说明我们的文化追求幸福。我们不能容忍暴力，说明我们的文化不再把暴力当作价值，甚至不再把暴力当作必要的力量③。

---

① J. LAPLANCHE, J.-B. PONTALIS, *Vocabulaire de la psychanalyse*, Paris, PUF, 1967, p. 24.

② M. RADKE-YARROW, T. SHERMAN, «Hard growing: children who survive», *in Risk and protective factors in the development of psychopathology*, Cambridge University Press, 1990, p. 98.

③ Y. MICHAUD, «La violence. Une question de normes», *Sciences humaines*, n° 89, décembre 1998, p. 20-25.

这种道德态度有着反常的影响。过度谈论不幸，只关注犯罪、强奸和全球酷刑事件中令人难以忍受的暴力，我们最终会居住在一个主要由我们要去克服的东西构成的话语意象世界里。这使得我们的故事、我们的电影、我们的小说和我们的讨论会让自己感到恶心、愤慨，有时还会感到愉悦。

初见摆脱困境的人

有关复原力的研究将摆脱困境的人置于聚光灯下，这绝不是在说创伤不严重。这些研究只是提出一种比较方法，以便从这些有复原力的英雄那里“偷来”几个点子，让我们能够更好地承受打击，甚至是重新振作。

纵向方法和诊后病史法似乎非常有利于搜集这类信息。要想评估虐待的总体影响，就要将一组受虐儿童的发展与相似的、但没有被虐待的儿童群体进行比较。乔治・范伦特通过研究一群受幸运之神眷顾的年轻人找到了窍门。从 1938 年起，二百零四位刚刚进入哈佛大学的十八岁学生参加了一次长达五十年的跟踪调查。每隔两年，这些人都会受邀到哈佛进行短期逗留，以便对他们的健康情况、精神状况和社会发展情况进行跟踪调查。1991 年起，对这些人生命轨迹的总结陆续发表①。

那个年代的哈佛还不收女学生，所以被调查对象均为年轻男性。在他们当中，二十三人死于六十岁以前，其中五人死于 1940 年的战争；八名学生已下落不明。三十九人遭遇过重大的心理困境：其中十一人患有严重的抑郁症，表现出沮丧和对生活失去兴趣，六人患有情绪障碍、

① G. E. VAILLANT and C. O. VAILLANT, «Natural history of male psychological health. A 45 years study of predictors of successfull aging», *American Journal of Psychiatry*, n° 147, 1990, p. 31-37.

喜忧无常，二十二人患有偏执狂和幻觉性精神症等严重的精神疾病，再加上下落不明的八人，共有 23% 的调查对象有过心理问题。

对于一项长达五十年的跟踪调查，这个结果意味着，算上平时可以自行治愈的抑郁，在全世界最幸运的年轻人群体中依然有近 30% 的人经历过艰难痛苦的人生。

如果这项研究的结论仅限于说明谁的日子都不好过，那可能不值得投入如此大的经费。因此研究人员尝试着去理解享有幸福人生的那部分人以哪些积极的防御机制为特征。每两年进行一次的测试和在哈佛进行的访谈帮助研究人员建立了两个对立的群体：在二百零四名受观察者中，范伦特分析了六十名一生始终幸福的人和六十名遭遇了最严重心理问题的人。两个结果令研究人员感到惊讶。

通过第一个结果，他们了解到，童年期最为艰难（在幸运儿里面）的人成年后发展得最好，这很可能是因为到十八岁时，他们经历过的一些小考验已经迫使他们建立好了积极的防御机制；而童年期被过度保护的那些人相对不大懂得面对生活的考验。

第二个令研究人员感到惊讶的观察是，在成年后发展得好的被观察者那里，最常见的防御机制与在童年时受过虐待、但最终获得复原力的群体那里观察到的防御机制相同：升华机制出现在生活的动力被引向社会看重的活动的时候，如艺术活动、知识活动或道德活动。这种活力被社会注入磁性，能让心理受伤的人避免抑制，全面地表达自己，不管他是大人还是小孩。对所有人来说，这的确都是最好的结果。与升华相结合的情感控制：不会为了满足当即的需要而表现出愤怒、绝望、反复思索、突然的行为。时间管理和缓，具备延迟欲望实现和转变欲望从而使之可被接受的能力。

利他是这个群体的一个特征。将自己奉献给他人有利于回避内心斗争，也会因给他人带来幸福而获得他人的喜爱。这是一笔划算的交易，因为收益巨大。

幽默也是一种珍贵的防御机制。把创伤事件向他人表现出来有利于与创伤保持距离，减少自己因不幸而受的损害，甚至还能从中获得一点喜剧演员的好处。

最终结果是，受虐待儿童群体中25%患有复发性抑郁症。这个数字看起来大，实则与参考人群，甚至与幸运儿群体中抑郁症患者的比例相当。

这说明什么？这是说虐待与善待之间没有区别吗？如果我们只看数字，有可能会做这样的解读。解释这个悖论的唯一方法就是学着从复原力的角度思考。在儿童发展史的每个阶段都存在着两种可能：创伤要么被修补，要么被加重。

我们在大学里所做的那些切割会使职业偏颇加重。临床医生所描述的障碍是无可置疑的，但他们是在跟踪受虐者的期间做出这些描述的。一旦受虐者走出困境，他也就同时走出了临床学家的视线，使其完全看不到伤者找到的正面发展路径。

我们绝非在说虐待不要紧。我们想说的是，虐待带来的巨大痛苦会迫使人们去利用其人格中健康的一部分，不仅是为了自保，也是为了创造更多的人性。

直接观察的陷阱：结果美好不代表过程不痛苦

无论在哪种文化中，无论父母的社会文化程度如何，儿童直观可见的障碍总是惊人的相似。相较于骇人的暴力，潜伏的情感缺失影响更大，尤其当它与其他因素结合在一起的时候。这些儿童的世界以混合在一起的两个主题为特征：为什么要侵害我？谁能爱我？儿童的不幸无时无刻不在浸染他的存在，哪怕是虐待者不在的时候。但很少有临床医生考虑到，儿童的性格障碍在其成长的人格中是长期发展的，而在成年人的人格中，这些障碍更加稳定。

为了自保，儿童经常结合侵略性和早熟两个特征。这两大性格特征促使他们采用一些有利于自己适应环境的行为方案，因为要是没有这些防御机制，他们就会受到环境的损害。然而这些自保手段代价高昂。他们的侵略性是没有被正确控制的。因环境安全而心理稳定的儿童会放胆去信任，在受到侵犯的时候也懂得反击。而经历过情感缺失的儿童辗转于无力、沉默和迟钝之间，时而错误地向想要爱他的人爆发愤怒。

在经历过战争的儿童的想象里，充满了轰炸中爆裂的房子、被炸飞的腿，他们在周围仔细地画上红色的血迹，也给衣服画上了颜色①。他们还能怎么办呢？他们的想象中充满了因亲身经历而使他们变得敏感的事件。基于同样的原因，受虐儿童的想象中也充满了他们希望得到其疼爱的坏人。所谓的虐待狂其实是一种迷恋，是通过使自己爱的人痛苦而获得的隐秘快感。对于这些儿童来说，这不能算作一种快感，因为他们在施虐后立刻就会因感到满足而惩罚自己。事实上，他们是在通过侵略性向自己证明，受到虐待的已经不再是自己。他们给人痛苦不是为了感受快感，而是想得到解放的希望。因此，受虐儿童身边如果有人给他其他的表达方式，他就不会长时间把自己想象成虐待者。

多年间，在特兰西瓦尼亚一个有六十张床的大房间里，小塞尔邦感受到的只有寒冷、饥饿、来自从不跟他们讲话的成年人的殴打和“大人”以及女护工的性侵。面对这些不间断的暴力，他以意志消沉的状态作为回应。不处于这种状态的时候，他要么是在啃墙上的石膏，要么就是在舔自己的鞋子。他十二岁被法国中部的一个家庭收容后，所表现出

① A. BRAUNER，F. BRAUNER，*Le Dessin de l'enfant dans la guerre*，Paris，Expansion scientifique française，1991.

的成长势头令人瞠目结舌。短短几个月的时间，他就学会了语言，也变得开朗起来。他热衷探索，也喜欢上学，直到有一天一位可爱的女老师来顶替生病的男老师。对新来的女老师感到着迷的塞尔邦立即就展开了对她的纠缠，因为这样就可以向自己证明，有了自己对她的这份爱，他就不再是那个被压倒在地的孩子了，他就能变成压倒别人的人了。小孩都会纠缠人，在被纠缠了几天之后，女老师便自己跑到走廊里哭。看到老师哭红的眼睛，绝望的塞尔邦又开始了几年前在罗马尼亚时的自残行为。真正的虐待狂会因弄哭别人而感到愉快，塞尔邦却为此感到绝望，他通过自我侵害来惩罚自己，让自己爱的女人免受惩罚。

如今塞尔邦已经获得哲学教师资格，当年的女老师如果在街上遇到他也很可能认不出来了，可他依旧为当年弄哭了这个女人而感到后悔。

与人们所说的相反，此类发展并不罕见。情感障碍可以持续很久，因为儿童既想要吸引虐待他们的人，又想要虐待吸引他们的人。然而理想化和理智化这两种机制很早便会被设立起来，起到保护儿童的作用。矛盾的是，当人们将儿童与虐待他们的父母分开时，就会加强他们的理想化。这时他们便会开始幻想自己无比希望拥有的完美父母。

每到星期五的晚上，安热洛富有的父母就会因为他太淘气了而把十岁的他绑到床上，然后两人安心出门去从事冰雪运动。等到星期日晚上，晒成一身古铜色的父母回到家，才把他放开，再带他去浴室洗澡，因为他太脏了。是家中集万般宠爱于一身的小女儿把哥哥的不幸告诉了邻居。紧接着安热洛就被人从他的家里带走，送进了一所救助机构。二十年后，他不仅不想报仇，还把自己所有的星期天都用在修补和维护父母漂亮的房子上。其实他所修补的是一个理想的关系，他这样做是希望父母在度假回来后能对他干的活感到赞叹，从而最终能够爱他。这个情感策略能让安热洛感觉舒服一些，因为如此一来他不仅避免了仇恨，还让自己的内心世界充满了美好的梦。他建造的不是露台，而是一个“虚假的自我”，也就是在现实中建立一个自己感觉迫切需要的不真实关系。为了修补儿时所受的情感缺失，他不惜做起泥瓦匠，而他真实的人格更有可能促使他对父母进行灵魂拷问。

理智化带来的好处更加实际。面对无法承受的冲突处境，伤者试图理解。安娜·弗洛伊德说：“如果没有任何危险威胁我们，那么蠢一点也没关系。”① 危险面前，我们不得不去了解侵害者，以便更好地面对他。心理受伤的人免不了要有这种智力形式：“他们乐于将个人问题变成普遍问题”②。

追求抽象有时是危险的，因为这有可能让伤者脱离现实，他也有可能利用抽象去羞辱不明白的人。但是由于我们的文化非常看重这种防御机制，尤其是在学校，因此它经常能带来巨大的好处。

首先，儿童的易感性被修复了。那些在受虐的日子里因不幸遭遇而变得迟钝的儿童不在乎学校，认为上学没有意义，甚至可笑。与晚上在家里要面对的事情相比，乘法表显得荒谬。与酒鬼父亲的暴力相比，学习过去分词的规则也很可笑。但只要有个成人与这些儿童建立哪怕一点点联系，他们就会全身心投入学校。当实践人员只是对虐待发生情况做局部观察时，他们会下结论说这些孩子是因为不幸遭遇而变傻的。确实如此，但只要我们离开实验室和医院诊室，只要我们从这些孩子给我们讲的人生故事中去收集他们的成长信息，就会发现“这些年轻人非常执着于他们的学业”③。

---

① A. FREUD, *Le Moi et les Mécanismes de défense*, Paris, PUF, 1936; rééd. 1993.

② J. SANDLER, 1985, *in* S. IONESCU, M. M. JACQUET, C. LHOTE, *Les Mécanismes de défense*, Paris, Nathan, 1997, p. 205.

③ C. MIGNOT, P. STRAUSS, *Étude du devenir à long terme d'une cohorte d'enfants maltraités dans leur première enfance*, ministère de la Justice, AFIREM, 1991.

家是恐怖之所的时候，学校就成了幸福之地，因为在那里才能见到伙伴和讲话亲切的大人。在那里，他们通过做游戏来进行社会化，在趣味中学习知识。在这个背景下，学校就成了温暖、欢乐和希望之所。一些受虐儿童群体甚至还获得了比参考人群更好的成绩[①]。当学校被他们视为地狱生活中的一块天堂的时候，它能够让诸多防御机制聚集在一起：情感的回温、自我价值的恢复、理想化、理智化、行动主义、物质补偿的希望、挣钱摆脱贫穷。这些机制给了孩子们一种病态的勇气，让他们相信拿到文凭就能得到治愈一切的灵药："我在学校成绩不好，但我不怕用功学习。对我来说，吃苦不可怕。等我通过了高中会考，就去当社会福利员。"在他们的人生故事中，这类话绝不少见。

这些防御机制的建立有赖于有人向受伤儿童伸出援手，他身边需要有人能帮他重启生命的编织。这就是为什么纵向研究有利于更好地评估受伤儿童的发展，也有利于更好地了解应该向他们提供什么样的帮助，才能让他们修复自我。经常被使用的"修补"（réparation）一词的法律味过重，还有点像汽车行业用语，没有"修复"（restauration）这个词更能体现复原力。当一幅因天气恶劣而损坏了的画被修复的时候，我们目睹的是一次重生、一次美化，有时还是一次变形，因为重新变美变鲜艳的颜色并不总是与先前相同。在这种情况下，重点在于了解这幅画在坏天气之前的样子和修复它的方法。

织物上的网状结构从来都不是线性的，甚至当我们想要描述它的时候，经常会发现它是交错在一起的，甚至常常还是歪歪扭扭的。二战中伦敦大轰炸期间，多萝西·波林汉姆和安娜·弗洛伊德在研究"无家可

① C. MIGNOT, P. STRAUSS, *Étude du devenir à long terme d'une cohorte d'enfants maltraités dans leur première enfance*, ministère de la Justice, AFIREM, 1991.

归儿童"的众多障碍时，没费什么周折便在幼年情感缺失和随之而来的直接障碍之间建立起了因果联系①，如体重减轻、身材矮小、括约肌障碍和语言能力迟缓。

对那些称"障碍发生越早，影响越久"的人，
我们的回应是：障碍发生越早，产生影响也越早；
如果家庭和社会环境一直把障碍的故事
挂在嘴边的话，影响也可能持久

勒内·斯皮茨和约翰·鲍比是最早指出幼年缺失会有深远影响的学者。这是精神分析师习惯做的思考，可它并不总为我们的文化所接受。人们总是认为，"这都是过去时了"，就好像我们没有记忆，我们的历史对我们的身份和决定没有影响一样。对此类发现最为反对的要数玛格丽特·米德，她宣称，这只是为了让女人待在家里而定下的阴谋②。

今天人们的立场已不再那么分明。埃米尔·佐拉建立的梅当育婴所和众多的"托儿"中心都还是孤儿院，与罗马尼亚或俄国的孤儿院类似。所有认为儿童成长不需要环境的人都会把儿童关进巨大的建筑中，将他们置于缺乏感官、情感和社会联系的状况之下，使他们失去了成人的一切可能。

只要给儿童几个成长的支柱，其发展恢复速度是如此惊人，以至于再将久远的影响与早期的缺乏关联在一起就不大可能了。当然，这不是说受虐者机体或心理内部没有留下任何痕迹。赛奇·勒波维奇于1950到1980年间跟踪观察了二十名由患有产后抑郁症的母亲抚养长大的儿

① D. BURLINGHAM, A. FREUD, *Enfants sans famille*, 1948; trad. française, Paris, PUF, 1949.

② M. MEAD et coll., *Groth and Culture*, New York, Putnam, 1948.

童，发现这些儿童受到了严重的损害，其中不少人患有慢性抑郁、发育迟缓等问题。他还发现所有这些人均死于三十岁以前，有自杀的、有自寻“事故”的，还有本可避免而不去避免患病的①。

这些儿童的成长状况是灾难性的，因为母亲的痛苦给他们套上了一种情感生态圈，让他们在其中无法成长。1970 年起，遇到有同样问题的家庭，只须让母亲和孩子一同住院即可，因为这样一来，母亲状况安全了，也受到了鼓励，她就能自发地重获给予孩子所需的成长支柱的能力。自此以后，儿童的发展也就不再是灾难性的了。

然而，必须区分创伤的直接影响和由创伤的意象造成的影响。母亲曾抱着小玛丽跳楼，这给幼小的她带来了巨大的打击，但她活了下来。所有人都惊讶于她的恢复能力、她的快乐和她在人际关系上的才能。直到有一天，孩子解释说她那天往窗户外探身子，母亲是为了抓住她才摔死的。因为身边人的慷慨，小女孩可以轻易地融入他们，使创伤的直接影响很轻易地就被修复了。先前，女孩幼时就表现出来的与人互动的优秀能力让她学会了如何与人建立快乐的关系，并从中获得安全感。而一旦她有了想象死亡的能力，就会把过错归于自己，因为她是母亲世界的中心，发生在母亲身上的一切也都是因为自己。她先期表现出来的与人建立良好关系的能力让她修补了悲剧的直接影响。但是同样的人际关系能力也在她心里埋下了自己是母亲过世的罪魁祸首的感觉。不难想象，这个臆想的罪恶感会在她很多的人际交往场景中发挥组织作用，很可能使其带有自我惩罚的色彩。

有赖于幼年期人际互动关系的质量，也有赖于促使成年人愿意向这类儿童伸出援手的社会组织，创伤可以被修补。但是创伤的意象产生出

① S. LEBOVICI, «À propos des effets lointains des séparations précoces», *Abstract Neuro-Psy*, n° 145, mars-avril 1996, p. 35.

一种代价高昂的交往风格，直到有一天，曾经心理受到伤害的人将这份负罪感转变成向其他受伤儿童伸出援手的动力。通过编织的意象来进行思考，更符合临床展示给我们的极其多样的案例。如果说家庭环境变坏就会让儿童在机体上和情感上感到痛苦，我们也应看到，那些摆脱困境最为成功的人都来自有利于他们脱身的社会环境①。

但是那种线性思维不能再要了。我们不能说："这些因环境变坏而遭受创伤的儿童之所以摆脱困境最为成功，是靠着父母的工资。"如果从复原力的角度思考，最好是说："这些孩子在遭受打击时承受得最好，是因为此前他们性格的早期层级因舒适而安全的家庭生态而得到了坚实的构造。"这就是说，即使没有高工资，某些社会环境也能提供这样的家庭生态。而除了对创伤的直接影响的修补以外，还要考虑到对创伤意象造成的影响的修复。学院派言论总是说："你没救了，因为你幼年受过创伤，而科学证明了这种创伤不可修复。况且，生你的父母的基因本就不好。还有，你的社会残疾如此严重，你没有指望了。"这样一来，在创伤的直接影响之上，又加上了源自社会意象的创伤。只有一点不同，那就是与我们的文化目前所说的相反，只要大脑的柔韧性够大，生物学意义上的影响往往是可以修补的。因此，要想修复因学院派论调导致的影响，就要先改变社会言论。做到这一点所需的时间可能是几年，也可能是几个世纪。

幼年丧父丧母的情况体现了创伤的这两种性质。当情感生态因父母的死亡而坍塌，儿童须要做出巨大的恢复努力才能建立起几个人际关系。但是当社会言论这样讲他的时候，社会便给这个儿童的成长戴上了额外的心理枷锁："这是个可怜的孤儿，他没救了。我们出于极大的善

① H. G. BIRCH, J. D. GUSSOW, *Disadvantaged Children*: *Health*, *Nutrition and School Failure*, New York, Grune and Stratton, 1970.

心，把他送进救济所，让他做个农场伙计已经不错了。”这种双重侵害或许可以解释为什么幼年失去双亲的人在其生命中得抑郁症的几率要比拥有正常童年的人的高四倍①。

那么是什么损害了这些人的成长呢？幼年期情感缺失在其大脑中留下的印记，还是将这些孤儿圈进低等社会身份的社会意象？罗马尼亚的孤儿们告诉我们，大脑中的印记是可修补的，因为当他们在收容家庭重新开始生活后，大脑扫描显示出了他们脑室和脑皮层的膨胀。或许是隔离后的人际关系障碍导致了他们的社会习得缺失？这些也是可以修复的，只要社会救助机构坚信这一点，并教给孩子们其文化中的各种规矩。太多时候，是社会言论对这些可怜孩子的看法给他们套上了层层枷锁，让他们变成怪物、傻子或是罪犯。最后的这个假设可能性最大，因为如果能在救助机构中、与收容家庭或是之后与伴侣建立一定的情感联系，幼年期成为孤儿的人就会让我们看到，他们得抑郁症的几率并不比参考人群高②。

情感上的脆弱可以转变成深情的力量，只要肯付出代价

但是与因父母的关爱而感到足够安全和稳定的人相比，有情感缺失的人更强烈地需要建立关系。对他们来说，情感牵连是不可少的③。这也是为什么，他们在少年求爱期常常经历分手，因为赌注太大而使他们

① L. FREDEN, *Aspects psychosociaux de la dépression*, Bruxelles, Pierre Mardaga, 1982, p. 74-76.

② G. W. BROWN, T. O. HARRIS, A. BIFULCO, «The long term effects of early loss of parent», *in* M. RUTTER, C. E. IZARD, P. B. Reads (ed.), *Depression in Young People*, New York, Guilford Press, 1986.

③ M. RUTTER, « Psychosocial resilience and protective mechanisms », *in* J. ROLF, A. S. MASTEN, *Risk and Protective Factors in the Development of Psychopathology*, Cambridge University Press, 1992, p. 193.

焦虑，可一旦他们确定了伴侣的选择，我们就能够发现其夫妻关系的稳定度要高于参考人群。一旦战胜了对定下终身的恐惧，“我们就发现他们在二十岁以后情况变得稳定。这可能表示他们的个性得以巩固，开始想要改变个人历史，去过他们当中大多数人没有体验过的夫妻生活了”。①

幼年时期的情感伤痕让他们对这类关系非常敏感，使得他们在经历了一段表现为不敢成家的焦虑之后，夫妻关系趋向稳定，并让他们感到安全和坚强。相反，对于成长过程中获得了足够安全感的孩子来说，成家是很容易的，因为他们把夫妻关系看得更轻。同样，如果夫妻二人走到了无法挽回的那一步，他也可以轻易地脱离这段关系。情感受过伤害的人愿意付出高昂的代价去维持给他安全感的关系。这时，社会言论如果赞扬白头偕老，他就会被颂扬；社会言论要是更重视个人发展，他就会遭鄙视。

这种不计代价将情感脆弱转变成力量的例子，展示了复原力编织的模式。以成本高昂但恰当的生存策略为代价，受伤的孩子依旧可以成为充分发展的成人。

在我们人生中做最重要选择的时刻，如伴侣的选择和职业的选择，有复原力的年轻人的情感调谐取决于伴侣的个性是否能包容他、文化是否能接受他。

这些年轻人的高情感投入使他们对定下终身产生恐惧，这解释了他们为什么常常晚婚②。但当伴侣符合他们的情感需求时，伴侣的支持就会成为他们有力的后盾。救助机构里长大的女孩对伴侣的满意程度一般比参考人群低。但如果我们只关注她们当中战胜命运考验那部分人，常

---

① J. -L. GUETTAT (dir.), *Exploitation d'une enquête auprès d'une centaine d'adolescents sortis de l'IMPRO depuis dix ans*, Montpellier, L'Essor, 1980.

② «Jeunes et premiers emplois», *Cahiers du Centre d'étude de l'emploi*, Paris, PUF, n° 20, 1980.

常能看到一个细心的丈夫，在见到他未来妻子的一刹那就想要帮助她[1]。参考人群中对这种“支柱丈夫”的需求明显没有那么高，因为就算没有丈夫的帮助，这些年轻的女人也能够自己安排生活。

当我们去了解伴侣如何支撑另一半时，会发现将他们凝聚在一起的是一种“契约”，或是共同的人生计划，或是想要实现的一个疯狂梦想，抑或是双方对安全感的追求。

莱奥妮的整个童年都是在母亲的羞辱中度过的，妈妈不放过任何机会说她很丑、胆小、学习不好，说她这辈子会一事无成。妈妈以此为乐。奥古斯特从来都不算是个不幸的孩子，但他父母四处奔波，让他没有办法建立任何朋友关系。他总感觉自己是“外人”。遇到莱奥妮的时候，他立刻就明白，自己终于成了另一个人眼中重要的人，他们可以在美丽的海边安家。这就是他们的契约。莱奥妮称：“在他身边我感觉自己是美丽聪明的。”

救助机构里长大的女孩婚后不幸福，就是因为从来没有建立过这样的契约。她们如此慌乱不安，如此自轻自贱，有人追求就立刻接受。她们中的一个说：“掉进河里的人，有什么就抓什么。”塞弗琳娜就是这样做的。在家里，没有人知道她小时候为什么患有依恋性抑郁症。她发育不良，伴有明显的语言迟缓，还因为清喉咙的坏习惯伤了嗓子。快五岁时，被寄养在奶妈家中之后，她立刻就恢复了生机，不仅体重有所增加，还开口讲话了。后来她以优异的成绩通过了高中会考，也十分出色地完成了学业。然而尽管弥补了先前的延误，体现出了十足的复原力，她内心深处依然保留着极低的自尊心，以至于一有追求者出现，她就立刻接受了。在成为塞弗琳娜的丈夫之前，克莱芒就发现自己可以过上逍

[1] D. QUINTON, M. RUTTER, C. LIDDLE, «Institutional reading, parental difficulties and marital support», *Psychological Medicine*, n° 14, 1984, p. 107-124.

遥的生活，因为女朋友从不拒绝做苦活累活。十五年后，塞弗琳娜活不离手，家务全包，对玩世不恭的丈夫没有任何怨言。“我跟他过，因为他有的时候人还是挺好的。我已经完全不爱他了，但是我无法离开他。”选了这样一个伴侣严重地损害了她的复原力，而真正懂得去寻找可建立契约的丈夫的女人，总是会拒绝不正常的追求者。

在选择伴侣的那一刻，社会的影响就显露了端倪。选择对自己有支撑作用的丈夫的女人，几乎总是来自有安全感的群体、能够发展出强烈归属感的救助机构或是在成年以后还让她们居住多时的收容家庭①。

归属感是获得良好自尊心的简单方法，因为只需属于一个群体就可以让自己因此而感到骄傲！来自自己的肯定永远比不上来自身边人的肯定。因此，属于一个群体，偷窃也可以成为入门仪式，如果我们身边的人是小偷的话；同样，如果我们身边的人全都如此认为的话，生意兴隆可能比家庭幸福更重要，另一个群体的一切价值观也都可能被认为是可笑的。

所有人，无论他们来自哪种文化，都要解决乱伦禁忌这个问题。他们都要处理彼此相连却又相互矛盾的两种需要：让人觉得有依仗的从属需要，还有让人因获得自身自由而感到骄傲的独立需要。这两种矛盾的需要之间的连接与铁环，由乱伦禁忌来实现，因为这样可以让人在离开原生家庭的同时又从属于它。这种情感和社会机制负责调节合适的距离。过于冲动的年轻人脱离原生家庭，他就失去了归属感的支撑；而不够冲动的年轻人赖在家不走，他又无法获得独立自主的自豪感。

然而，曾经无家可归的儿童长大后却很难获得社会自主。由于没有归属感的支撑，也由于周围文化没有很好的指引，他们只能靠自己来决

---

① M. RUTTER, «Psychosocial resilience and prospective mechanisms», *in Risk and Prospective Factors in the Development Psychopathology*, Cambridge University Press, 1992, p. 196.

定自己。由于他们觉得自己变化不定，他们就让评判他们、看不起他们的人来支配。这就是为什么，在到了合法年纪之后，许多无家可归的年轻人要求在儿童社会救助部门登记，也常常返回收容家庭①。支撑不够，信心也不足，他们很难与从前的关系分离：他们当中有 30% 的人会接受某些被动救助渠道，而且终生都依赖救助；还有 30% 成为社会和情感上不稳定的人。他们总是打短工，爱情关系也很短暂，这都说明了对定下来的恐惧让他们回避喜欢的职业和爱慕的女人，因为他们认为从希望走向失望远比接受毫无梦想的日子更痛苦。至于剩下的 30%，他们不怕做梦，也敢于去爱，所以他们走出了困境。

职业选择和伴侣选择是最容易引起神经症的两个选择，
但也是赋予我们人生主题的两个选择。然而每一场遇见
都是一次转弯，是内心历史和社会言论进行谈判的敏感期

学校越是为孩子提供引导，救助机构越是对他们负责，这些脆弱的年轻人就越难走出来，因为一定的无序（至少没有刻板）能为创造力留有余地。如果说曾经村头的傻子如今换成了救助机构里的痴呆，那是因为我们这个社会对他们负责得太多了。可是“更多”不代表“更好”。保留一点社会距离恐怕是必要的，就像乱伦禁忌使人们有了必要的情感距离。

职业选择和伴侣选择这两个人生中最容易导致神经症的选择，基本上都是在青少年的敏感期完成的。我们人生中的这个铁环要求情感环境为我们组织起过去，才能将我们引导向由我们梦想组织的未来。在人生的这两个转弯时刻，为我们提供支撑和引导的是收容我们的环境。如果

---

① M. LANI, «À la recherche… de la génération perdue», *Le Journal des psychologues*, mars 1990.

这个环境不重视学校，不相信知识改变命运，年轻人往往倾向于就近选择职业（手工业或商业），重视强大的群体关系。如果这个环境重视抽象形式，年轻人的选择就更具有神经症的特质①。他们更倾向于选择艺术和智力表现型职业，他们人生故事的含义也往往建立在家庭或社会清算之上："贫穷让我苦透了，跟杂货店老板赊账太让人羞耻了，鞋子上的洞让我抬不起头来。所以我嫁给了一个不愿低头的男人，我们共同战胜了贫穷。如今，我可以给我的外孙女买好看的鞋子。我女儿说我太夸张了，但是我一定要给她买最好看的鞋子。"向我讲述自己贫苦童年的这位女士一生都以一种病态的勇气致力于实现她报复般的梦想。她不仅在买漂亮鞋子上出手大方，还非常重视智识上和社会上的奇遇，把个人发展放在家庭关系之上。因此她的公司扩大经营范围的时候，她毫不犹豫就去了美国，不顾与女儿和钟爱的外孙女天各一方。她对家庭关系的理解容许她远离爱的人，而由重视小圈子、重视情感上常来常往的环境塑造的孩子，是绝不会这样的。

这两种截然相反的生存策略的发展是可以预见的：有人相信眼前，有人相信诗和远方。当下我们的文化鼓吹自我主义，强调所谓"社会成功"，而实际上这是个人在社会中的成功。我们对牺牲的理解也不同了。在我们祖辈那里，这个词有着光荣的含义，意思是"为了全体的幸福而放弃自我"。如今它的词义已发生巨变，几乎成了"被诓骗"的意思。

我们文化中的另一个部分较为沉默，很少在我们公开的言论中表达出来，它的策略是偏重此时此地：成功可耻，金钱无德，称得上道德的只有地域的邻近和家族的团结。

---

① M. DUYME, « Les enfants abandonnés: rôle des familles adoptives et des assistantes maternelles», *Monographies françaises de psychologie*, Éditions du CNRS, n° 56, 1981, p. 119.

决定了我们的人生选择的是少年期之前和之后的收容环境。我们基本上可以通过研究收容他们的救助机构的调性来预判这些受到过心理创伤的孩子的情感和社会未来。

1946 年，大量“娃娃村”成立，用以收容在战争中失去家庭的孩子。默热沃和维拉尔德朗因此收容了一千多名无家可归的儿童。罗讷-阿尔卑斯大区在抵抗运动中表现英勇，也付出了惨痛的代价。在那些村庄里，有 10% 的儿童的父母被枪毙。德·克罗利（布鲁塞尔）、G. 罗马内和伊夫·法尔热（里昂学区）因此建立了“孤儿城”，资金由美国和瑞士的基金提供①。要是没有这间救助机构，这些患有脑病、经常出入疯人院的孩子大多都会死掉。当时的想法是创造一种新的方式去救助无家可归、受伤往往很严重的儿童。但是成年人以大人的关注点去组织收容环境，忽略了孩子在乎的东西。在成年人看来，统一制服意味着“平等”和“整洁”；而对孩子来说，它代表“在所有人面前指出自己不如他人的那种耻辱”。蓝色的大斗篷、歪戴的贝雷帽和剃光的头将来自社会的鄙视引向这些儿童。然而五十年后，我见到了这些孩子中有复原力的几位，他们惊讶地发现自己因为穿过这些给人留下难以磨灭印记的衣服……更因为自己走出了困境而感到骄傲！事后回头看自己的过去，这些衣服的含义因为他们的社会成功而发生了改变。作为他们顺利发展的证据，它们所代表的“言论”也已经不一样了。

在当时的救助机构中，辅导员的另一个关注点是避免让这些贫穷儿童因住在征用过来的豪华宾馆而变质。沉浸在疗养宾馆明亮的环境中，在设备齐全的现代别墅里舒适生活，孩子难道不会先迷失方向，进而在进入现实生活时感到恼火？然而所有被收容的孩子当中，没有一个人记

① Y. LEJEUNE, *Le Village d'enfants en France*, 1946. *Nouvelle formule enfance-assistance*, 博士论文, Liège, Centre de formation sociale, 1946。

得奢华的房间、巨大的客厅和美丽的灯。这些都是成年人在乎的，在儿童眼里毫无意义，甚至无法变成回忆。

尽管辅导员对儿童有一些误解，但这不妨碍他们捍卫这些受保护的小孩的利益。疗养站的医生们起初反对建立这个村落，因为“穷人的孩子”会受到照顾，富裕阶级家庭中真正生病的小孩会被忽视，尽管他们的家长付了钱让他们进来疗养。是辅导员们捍卫了孩子们的利益，说这些小孩已经惊人地“恢复了语言能力［…］还发现他们的精神面貌很好，决心战胜他们家庭因战争而积累起来的自然困难”。[①]

其实我们可以把收容环境设想成对儿童的周遭具有组织作用的网或脉络。

七岁的米歇尔到达维拉尔德朗的一家收容所时连话都讲不出来。他不停摇晃，任何人试图靠近，他都会自残。但他在收容所的进步是迅速的。几个月后，他语言上的迟缓就被追赶回来了。他的即兴短剧能逗笑所有人，他还决心成为阿尔卑斯山猎步兵。别人告诉他说，他的父母被德国人枪毙了，他也在心里默默地为他们的死感到骄傲。直到有一天，一位高个子的美丽女士来看望他。她化了很浓的妆，身穿一件蓝色长裙，戴着一顶白色大檐帽，过分的考究与孩子们的贫穷形成了鲜明对比。孩子每天进行日常散步的时候，都要在雪里走几个小时。然而美国援助的鞋里只有轻便凉鞋，他们得光着脚穿。孩子们因冻脚而哭泣的时候，有人对他们说：“在山里走走比翻译拉丁文更锻炼人!”米歇尔的妈妈没死，她在里昂过得不错。临走时，她告诉米歇尔她不能带他走，说晚些时候她会回来看他。当天晚上，米歇尔的缄默症和自残倾向就又回来了。

进入收容所后，因父母英勇就义而悄悄感到骄傲的米歇尔已经获得

---

① Y. LEJEUNE, *Le Village d'enfants en France*, 1946. *Nouvelle formule enfance-assistance*, 博士论文, Liège, Centre de formation sociale, 1946。

了一定的自尊心，他已经开始编织自己的复原力。在这样一个有利的收容环境中，他已经开始正常发展。收容所里成年人们的论调是要对孩子们亲切，在大雪中锻炼他们，最后引导他们从事手工职业。尽管先前的缺失给他造成了损伤，让他以自我为中心摇摆，但米歇尔的内心世界已经复苏。然而他母亲简单的一次探访就改变了他赋予先前种种苦难的含义。他不再是英雄的儿子，这一次探访让他变成了一个被妓女抛弃的孩子。当天晚上，他的复原力便脱线了。

这个例子让我们看到，决定人的各种因素的效力是多么短暂。一个线圈编得好，有利于下一个线圈的编织，但任何事件都有可能改变整块织物的质量。

当然，有些时刻是更为敏感的。生物性的学习过程在幼年期较为活跃。我们给所爱的人影响我们的能力，由社会言论阐明的一些情况或成为我们社会交往的支撑，或成为我们边缘化的道岔。拿着生物的、情感的、心理的和社会的线头，我们一辈子都在编织。

每场遇见都是一次转弯。这不是说我们能乱编一气，因为在遇到的那一刻，这已经是由我们的经历编成的一块布了，而且被我们编入的环境本身也是由它的故事、制度、传统和技术编成的。

职业选择和伴侣选择让我们明白了个体如何与其环境相结合，甚至内心世界都能因为遇见什么人而发生改变：坏学生也能全身心投入学校，只要他遇到一个好朋友，一个他可作为榜样的好学生，或者遇到一位女教师，用一个词、一句赞扬的话激活他某个深藏的心理机制。

当被遗弃儿童群体中的大部分人倾向于走上犯罪道路的时候，这不意味着情感缺失就导致犯罪。这更说明因为反复强调“凡是没有家的孩子都是坏种”，社会建起了一些通道，将这些孩子的编织引向了犯罪。波哥大的儿童“这偷点，那摸点，他们靠抓汽车保险杠弄来的钱吃喝玩乐”[1]，因为对他们来说，偷窃和玩乐是适应街头文化的最佳方式。不偷不闹的孩子没有办法在街上生存。

他人的目光具有塑造力

一个救助机构里的孩子日后的发展能够体现这个救助机构看待孩子的方式。我们对一百七十六位有寄宿经历的人进行了问卷调查，了解他们在离开救助机构十年后的状况[2]，其基本情况大体上证实了上述观点：晚婚；在具体化程度高的职业（建筑、商务）中发展顺利；出身于社会经济条件差的家庭的孩子自主能力不足，他们返回原生家庭的比例（70%）高于富人家的孩子；足够的幸福感（60%）；犯罪率低于参考人群的；他们不爱运动，爱骑摩托车，不经常搬家。这个小群体的发展说明教育团队的努力获得了成功，也体现了这个团队看待孩子们的目光："要对孩子们慷慨、细心，也要谆谆善诱，但不必给他们太多野心，他们眼前能过好已经不错了。"

一个救助机构的结构就像一个人，围墙和规矩体现了管理者的思想。受伤的孩子们要在这样的环境中，在非常不同的辅导员周围成长。

卢巴建立了许多个救助机构，收容了几千名二战期间父母被送进集中营的孩子[3]。这些收容所很穷，很简陋，有时要用战余帐篷来扩容，人们自然不会担心奢侈会腐化孩子。然而那里的孩子的确享受到了某种奢侈。

根据估算，有一万一千名儿童死于集中营，有一万二到一万六千名

---

① J. MEUNIER, *Les Gamins de Bogota*, Paris, Métailié, 1989.

② J.-L. QUETTAT, « Pour une prise en charge réelle et réaliste », Montpellier, *L'Essor*, *ACDIF*, décembre 1980.

③ 中央儿童委员会友好救助协会。

儿童由亲属抚养，战后有六千到八千名儿童由市政收容[①]。然而人们发现，每家收容所都靠自己的“哲学”引导孩子走向未来。

在“经历过这些收容所”的孩子当中，70%认为这个经历改变了他们的命运。对许多人来讲，遇见意味着偶然；而今天我们知道，遇见的偶然性很大程度上取决于主体是否勇于拥抱环境。有些孩子受伤过重，以自我为中心，是谁也遇不到的，要由成年人鼓起勇气去靠近他们。而一旦他们被温暖，内心重现生机，就会热衷于环境提供给他们的所有相遇。因此可以说，这些重获温暖的儿童，其复原力的编织是通过不同等级的支撑来进行的，许多调查都说明了这一点。

在有幸的遇见当中，伴侣遥遥领先（55%）。情感支撑、稳定感使得自我建设的计划终于成为可能。“我感激这个坚强成熟的男人……我一直欣赏他年纪轻轻就懂得自学成才……没有这个美丽、聪明、坚强的女人，就没有我的今天……”心理受过伤害的人因为渴望情感而对伴侣全身心投入。这些年轻人太需要感情，他们在关系中所作出的努力，没有受过伤害的人很可能是无法接受的。

如果还有亲属在的话，那么家人也会被过度投入（31%）。友谊（20%）的重要性往往连朋友都意识不到：“我选择去读文学院是因为那个时候我跟马克是朋友，他的父母都是老师，鼓励他读文学。”如果没有家人，选择是根据当时我们所爱的人的家人来决定的。

老师和同事都属于这种拯救型友谊的范畴：“一年暑假，我同一位已退休的女老师交谈……我在收容所的辅导员……高中的牧师第一次在对话中真正把我当人看。”

一些文化英雄对这些孩子具有强大的影响力，足以引发他们的人生

---

① D. BAUMANN, *La Mémoire des oubliés. Grandir après Auschwitz*, Paris, Albin Michel, 1988, p. 21.

转弯："我同让·马莱讲话，他认出我了……一天晚上，在阿尔及利亚，弗朗索瓦·马斯佩罗对我讲了很多话……1978 年的一天晚上，在蒙特勒依，赛尔日·克拉斯菲尔德……陪在我身边的姐姐说她看到我的神色都变了①。"青年运动、政治和社会参与、晚间的戏剧演出都能给这些情感缺失的年轻人有幸的震撼。

今天，这些社会结构已经相当削弱了，能够集合起三千多名孤独的人的锐舞派对也能导致人生的转向，可这些转向是拯救性的吗②？

在这些孩子中间，有 9% 的心理生命是由宗教激活的。是一般意义上的宗教，不是哪个特定的宗教。"一天晚上，在里昂，我感到了上帝的存在……巴黎犹太人社群的一位代表……我对天主教教义的深信不疑……我回到犹太教的怀抱……"由于这些孩子在童年期没有被其家庭所信奉的上帝耳濡目染，他们在若干年后遇见了所有人的上帝，而不是某个家庭神明。

一些救助机构全力引导孩子们进大学，另一些机构则忽略了这个方向，这说明辅导员具有灵魂向导的作用。他们所信奉的价值，就算没有讲出来，也能影响他们照顾的儿童的人生选择。

因此，决定我们选择的原因不应在当下去找，而是要在受伤者的个人历史中去找，在他们的成长过程中，他们都以这种或那种方式遇见了其环境的集体历史。所以说，我们人生转折的决定因素要到我们的周边和前边去找。

然而这不足以说明好的环境就能造就健康的孩子，也不足以说明内心发展好了就会成为健全的成年人，因为每个线圈都影响整体的编织：

---

① D. BAUMANN, *La Mémoire des oubliés. Grandir après Auschwitz*, Paris, Albin Michel, 1988, p. 188–193，以及私人交谈。

② J. JOUGLARD, « Design drugs and addiction », *in* A. AMIN, P. LAPRAS, 3es *journées méditerranéennes de toxicomanies*, Toulon, novembre 1998.

一个正常发展的孩子在遇到第一次人生考验的时候就可能崩溃，因为他从没有机会学习如何战胜命运的打击。相反，一个脆弱的孩子也可以通过对情感、智力或形而上学的投入而获得生命的意义。

儿童是情感的海绵，但他不会吸纳环境中的一切。他的成长和经历会让他对某一种环境敏感，进而去寻求这种环境。由于不断地自我建设，他每到一个新的阶段所敏感的内容也不同。不同的时期，问题也不同，尽管主体的身份会让他感受世界的方式具有某一主题。“没有人爱我……我空有一副皮囊……这不公平……我是个不祥之人……好事会在我身上发生……”

带着对世界的相同品位，我们在人生历史的每个章节中都要解决相应年龄段的问题。正面的线圈代表我们的过去和内心生活，反面的线圈代表我们的文化和身边人，我们的人生就是这样织成的。

第二章

黑日之下无忧伤

“能讲出来的悲伤都不叫悲伤”

十七世纪，夏尔·佩罗创作的一则寓言是这样开头的：“从前有个乡下小女孩，长得别提有多美了。她妈妈爱她爱得不行，她的外婆更是爱她爱得不行……人们都叫她‘小红帽’。”①

让-保罗·萨特的自传是这样开头的：“1850 年左右，阿尔萨斯一位小学老师为养活众多子女而做了杂货商。”②作者给自传起名为《词语》，意思是说他要讲的不见得是真事，而是他所以为的个人史。第一句话就是一条社会信息。

M 女士对我说：“我生如蝼蚁，活似女王。”她的经历不能说不糟糕：母亲难产而死，十三岁时遭父亲强暴，被收容进救助机构后又遭到严重虐待。如今的她已是一个富有的企业家了。她认为：“美貌就是我的武器，是我勇气的源泉。”她还向我解释道，若想善用她的武器，就不能有任何感情。

把自己的生活讲成故事是一种奇妙的需要，也能给人以奇妙的乐趣。“能讲出来的悲伤都不叫悲伤。”③面对可怕之事，人都有两种需要：把它讲出来或藏在心里。把自己的灾难讲出来，它便存在于别人的精神里，让自己觉得尽管受伤，还是被理解和接受了。把自己遭遇的磨难讲出来，它也就成了隐情，有了人际关系的价值：“我的事只有你知道。”

磨难一经分享，便会被情绪转变，换了形态。被理解的感觉来自他人，尤其是离自己比较远的人。要想感觉到被人理解，这个人最好完全是被想象出来的。我们不会向一个与自己生活有交集的人吐露心声，因为我们知道他也犯错，他也有诸多伤痛和不如意。父亲（父权时代做决定的人）、老师（师权时代无所不知的人）和上帝（全知全视）都是我们的不幸、难以启齿之困苦和渴求的最佳倾听者。

理想的读者也是绝佳的听众。他离我们远，所以不会泄露我们的秘密。我们又把他理想化了，所以他理解我们的一切。就像这本书的一众读者当中可能只有十个能理解和接受这个受伤的我。

经过了坦陈前的焦虑，不管是口头的还是书面的，我们经常会感受到一种出人意料的安宁："这就是我，喜欢或不喜欢，我就是这个样子。"通过讲述个人经历而获得的身份突然给人一种自洽和自纳感："我什么样就是什么样。从这一刻起，爱我的人会爱我的一切。我就是那个差点死掉……出生时害死母亲……曾经作奸犯科的人。"讲故事前，人们爱的是我可以为社会接受的部分，我的另一个部分被我留在了角落里；讲故事后，我已全盘托出，人们爱的是真实的我、完整的我。

自传卖得好，说明作者与读者之间经常签署这种"协议"。编辑每隔一天就会收到一部这样的作品，其中被出版的不在少数。有名人如伊利亚·卡赞、弗朗索瓦兹·多尔多、英格玛·伯格曼的，也有像皮埃尔·雅盖-埃利亚斯一样，作者默默无闻却卖出两百多万册的④。但它们讲的都是日常生活中的平凡变成非凡，情节都是围绕着大众小说的永恒

---

① C. PERRAULT, « Contes de ma mère l'Oye » (1697) *in Il était une fois …* Paris, Flammarion, 1951.

② J.-P. SARTTRE, *Les Mots*, *op. cit.*

③ I. DINSEN, *in* H. ARENDT, *La Condition de l'homme moderne*, Paris, Calmann-Lévy, 1961.

④ C. CHAUCHAT, *L'Autobiographie*, Paris, Gallimard, coll. «Lire», 1993, p. 20.

主题来展开："无论我富贵贫穷，不管我有名无名，请让我给你讲讲我经历的磨难，让我告诉你我是怎样战胜它们的。"然而，只有等到一个人虽受过伤却健康成年之后，人们才会发现，五十年前的他曾是一名有复原力的儿童。要想知道经历过的事有什么意义，难免要从当前出发去解读过去。

佐拉、希区柯克和弗洛伊德指出了文体准则

想要将自传文体写成佐拉式自然主义的让·马洛里说："这是一种关乎现实与内心的文学。"佐拉受克洛德·贝尔纳的实验方法启发，时常跑去乡间或工人聚集的咖啡馆速记几张"文学草图"：他们如何穿着，跟什么人讲话，讲了什么，桌子什么形状，谁睡床谁睡草垫……等到他写小说的时候，便可以调动这些现实的笔触去赋予社会论题以真实性①。

我们每一个人在讲述自己人生的时候，只要确信自己没说谎，心里都会这样想："我的人生可不一般！在我身上发生了许多不平凡的事，我得把这些有趣的事给你讲一讲。听过之后，你也会像我一样为之动容。"在这种简单的措辞背后，存在着一个问题：为什么所有人生故事的结构都如希区柯克的电影一般？剧情在我们眼前酝酿，有时候我们甚至知道它会朝什么方向发展、怎么发展，但始终有一个问题吸引着我们：主角是怎么摆脱困境的？

人生故事的结构也如同小说一样：我们知道主角成了著名歌手，知道他出身于公共救济所，可他是怎么脱"影"而出的呢②？他要是没成功，我们会觉得这故事不堪入耳，觉得它如同废纸、忝为谈资。他成功

① É. ZOLA, *Carnets d'enquêtes. Une ethnographie inédite en France*, Paris, Plon, 1986.
② J.-L. LAHAYE, *Cent familles*, Paris, Carrère, 1985.

了，同样的故事就成了社会童话。是结局、结论赋予往事以含义，令不堪变成美妙。

弗洛伊德曾言，患者提供的信息常常是肤浅的，不是自我理解，而是自我蒙蔽："病人没有能力按顺序陈述其人生故事……这一点具有重大的理论意义。"① 的确，多数刚开始心理治疗的患者总想要在精神分析师脑海里烙上他们自己对自己的印象，这种印象很难被消磨掉。这种现象在日常生活中更为突出，因为在精神治疗环境中，人们至少清楚自己绝不会被人指指点点，他们可以畅所欲言。

自我蒙蔽具有一个重要的功能，它对我们的吸引力在于，在蒙蔽我们双眼的同时，让我们能够与他人共存。如果我们总是怎么想就怎么说，任何一对夫妻、任何一个群体都无法生活在一起，因为每天都会有恶言恶语。相反，将我们的一部分个性截去，就更容易与人共存。可以说，社会生活就是一种残疾。然而，我们编排出来用以蒙蔽他人精神的遮羞布要想发挥作用，需要参与自传的双方，即作者和读者，想要获得同样的乐趣。因此，当一个人说"我将分三步来告诉你我这辈子何以战胜了悲剧"的时候，读者会想："他将要告诉我们他如何战胜了他的重大悲剧，并且他的故事会让我们感受到一种可怕的美好。"虽说他的意思是读者会在不堪中读出妙趣，但这个逆喻并不矛盾，因为毁了他也恶心了我们的那个事件，将会有个美满结局：遭受过乱伦的芭芭拉如今已是一名出色的艺术家②；七岁便被遗弃在废旧站台上的克劳德·罗丹，如今也已是不少跨国公司的"顾问"③。

然而，人生小说的结局不是死亡。死亡只是生命的终止，而不是故事的结束。早期小说以死亡为结尾，原因在于作者缺乏想象力，避繁就

---

① S. FREUD, *Cinq psychanalyses*, Paris, PUF, 1954, p. 8.

② BARBARA, *Il était un piano noir*, Paris, Fayard, 1998.

③ C. RHODAIN, *Le Destin bousculé*, Paris, Robert Laffont, coll. «Vécu», 1986.

简。与死亡之终点相反，结局是要理清一段复杂的人生轨迹，这与我们每个人都切身相关，因为故事所讲之极端状况有可能发生在我们每个人身上。穷人家孩子的成功，他今天的发展改变了他过去承受的苦难。他悲惨的历史给我们以安慰和希望，因为他的转变是胜利的证明。擅长讲骇人故事的海员经常通过把坏事变好事来实现这种安抚性效果。恐惧有利于我们控制情绪，还顺便给我们一些建议："暴风雨那么强烈，我以为我回不来了。突然我意识到，用斧头劈断桅杆，船就可以漂着而不会在狂风中倾覆。"通过给出在受害处境中应采取的行为准则，可怕之事亦有镇静效果。这就是为什么，自传是一种通过点化来给人希望的大众小说，有教育、德育与培育之能效。

所谓"自传"，是构建往日之事并照以今时之光。初受考验冲击，伤者仅能作证。要想成书立传，需要时间赋予往事以含义。有这样一位女士，过去她每次受到性侵都躲到塞纳河岸上的书摊去。她如今已是一名法语老师，她的经历让我们看到了文学在其不幸中起到的作用："我对死亡完全不陌生，有生就有死……我很小的时候就知道了。圣母院是我的家，河岸是我的天地。"① 多年以后，这位女作家终于明白了塞纳河岸对她的意义，明白了是圣母院和书摊护佑她活到了今天。

直接创伤会在大脑中留下痕迹，但它们是可逆的，而回忆讲述的都是周遭的故事

讲述过去不是重新经历一遍，而是对其进行重构。这不意味着编造或撒谎。正相反，讲故事用的是过去的事，只是生命中不是任何事都能成为事件，我们只会记住那些有过感觉的事情。从生物学上讲，无意识

① C. ENJOLET, *Princesse d'ailleurs*, Paris, Phébus, 1997.

的信息能够塑造我们的大脑，会在其中留下一些痕迹，让我们对某一类事件更加敏感。被遗弃的儿童就是这样，如果被遗弃的时间不是很长，他们就会在随后的时间里表现出对人、对物、对场所过度依赖且伴有焦虑的情况。与此相反，当情感隔离的时间变长，这些孩子就变得无所谓了[①]。情感缺失在他们人格发展的过程中留下了痕迹，但没留下回忆。没人知道为什么这些孩子与人分离时如此脆弱，与人相识时又如此动情，为什么他们展现出如此强烈的情感渴求。他们对情感隔离期没有任何印象，在没有遇到情感替代去唤醒他们的情感时，他们会说："我无父无母，怎么会记得？"

这就是问题所在：一个事件只有承载情绪时才会变成回忆。孤独的孩子最后变得麻木，什么也记不住，这是因为他的世界里没有任何事件可以填充他的记忆。同样，被过分溺爱的孩子也会变得麻木，因为他们被隔离在情感之中无法感受事件。与这两种孩子相反，一个获得足够关怀的孩子只会记住负载情绪的事件，他的激动既源于使他对某些情境有感觉的过去印记，也因为他周围的人曾使这些情境变得突出。

前一种记忆是感官上的，它在大脑中留下印记；而后一种记忆，即回忆，在被身边人强调后会长期留在脑海里。它被儿童的故事维持且不断修改，无论这些故事是他在内心里讲给自己的，还是他通过社会化的话语讲给他人的。不管是印在神经元中的、使人对事件产生某些感受能力的记忆，还是存留在个人意象中的记忆，环境的烙印总是刻在大脑中的，是大脑制造了情绪和心里话得以存在的内心世界。无家可归、辗转于救助机构的儿童对隔离期没有任何印象，等他们能讲故事以后，故事的内容都是遇见，都是曾被情绪刺激、变得活跃的时刻。这不是说艰难时刻没有给他们留下痕迹。

---

① J. BOWLBY, *Attachement et perte*, *La perte*, t. III, *op. cit.*

九岁的小贝尔纳是奥斯威辛集中营少数幸存者之一。遣返回国进行体检的时候，他的瘦骨嶙峋让医生们忍不住高声谈论他们发现的临床症候，还指出他髋骨上的前髂脊有惊人的凸起。回到巴黎后，他的情感冷漠开始消失，连他自己都感到惊讶。在他的情感沙漠中，竟会有一阵阵强烈的，他无法控制的欢喜、愤怒或绝望。今天，当我们给因社会灾难而在感官上与世隔绝的儿童做脑部扫描的时候，常常能发现其大脑边缘系统的萎缩，而那里正是存储记忆和情绪的地方。通过一般的教育，这种萎缩即可恢复。1946 年给小贝尔纳用的气脑造影术也指出他脑部的这个地区有可逆的萎缩①，这也部分地解释了为什么他无法控制情感。

然而情绪有一部分是源自我们的自我意象的。当医生说他髋部骨头有凸起的时候，小贝尔纳面对这个可怖的东西感受到了一种奇妙的温情，还有些自豪，因为医生的话让他想起他的父母死前也有这样的凸起。想到这个画面（髋部凸起，骨头中间的窝），小贝尔纳觉得自己延续了父母的血脉，并没有因幸存而背叛他们。“我跟他们一样。我长得像他们。我是他们的延续。我没有背叛他们。我可以继续活下去而不必背负太多罪恶感。”与死亡擦肩而过这样可怕的事却在孩子内心的意象世界里产生了温柔的感觉和情感上的自豪。要是他把心里想的讲出来，听到的人一定会觉得他疯了，因为他的内心话语与社会言论差着十万八千里。在战后，成年人不许孩子们讲话，对他们说：“我们没有巧克力吃，还要照顾你们。你们有什么好抱怨的？小白眼狼。”在今天，由惨剧引发的这种温情和自豪感就更没法讲了，因为现下被视为正常和道德的言论应表现无辜②，而想要表现无辜就要背书说经历了如此惨剧的人

① F. ABALAN, M. BOURGEOIS, « Les conséquences neuropsychiques de la déportation », *Synapse*, n° 119, 1995, p. 53.

② P. BRUCKNER, *La Tentation de l'innocence*, Paris, Grasset, 1995.

只能一生痛苦。另一种言论回应道：“这太夸张了，这孩子肯定是在奥斯威辛集中营感染上了流行性腮腺炎，那里那么冷。”现实中的一连串事件在儿童的记忆中留下了若干意象，它们因与社会言论脱节而无法被言说。

但还应注意到，给贝尔纳的记忆填充内容的不是日常遭的罪，而是他对自己过去所做的戏剧性表现。我说“戏剧性”是因为他在自己的过去中选取真实事件的若干要素，并用内心语言将它们表现给自己看。他将自己的苦难变成了艺术作品，变成了内心剧。

要是小贝尔纳能写出他在奥斯威辛集中营的日常，他有可能会写到刺骨的寒冷、令人发昏的饥饿、折磨人的拷打，以及步父母后尘、等待死亡。在这种难以名状情况下，还是会有一些微小的幸福：陌生人多给的一勺淡汤、碰触到他人身体时感受到的一丝温暖、理解的需要，以及所有经历过这种考验的人都遇见过的那种肮脏世界中的瞬间美好。在得过且过的日子里，这些都能成为事件。

而在事件之后，留在记忆中的都是画面，它们在别的环境中会有别的含义和功能。重点在于讲故事给自己，将发生的事戏剧化，让自己成为剧中人，并在可能的情况下讲给别人听。小贝尔纳记忆中有意义的不是寒冷、不是恐惧，也不是常常置人于死地的殴打，而是髂脊上的凸起。在他的内心故事中，这块凸起告诉他：“我战胜了死亡，而且我没有背叛父母。”这个语义化了的画面（髋部骨骼的凸起）就像那种用一两句话就能传递强烈内涵的广告，它变成了他叙事身份中的一个组成部分，就好像他在说：“我经历死亡而活了下来。尽管我伤痕累累，但我有理由感到骄傲和强大。”然而这个内心话语是无法说给人听的。通过画面，孩子理解了他无法用言语解释的事情，而成年人是无法理解反差如此之大的世界的。

小贝尔纳的案例告诉我们，如果孩子没有用故事赋予事件以顺序和含义的话，事件就只是一连串信息轰炸。然而根据到底是讲给自己、讲给想要追求的女人、讲给想要保护的家人还是只愿意听那种道德规范故事的社会潮流听，我们的故事是不同的。

生命不是故事，而是不断解决适应性问题的过程。但人生要求我们将它变成故事，好让它不变成一连串为生存而做的反应和防御活动。如果小贝尔纳像十四岁被关进奥斯威辛集中营的阿娜·诺瓦克一样每天做记录①，他写下的可能不是故事，而是一连串没有联系的背景事件。在他的笔下，生活的不幸会同存活下来的那种奇怪的痛和快乐交织在一起，无法讲给正常人听："我差点因饥饿、挨打的痛楚和不间断的灾难而死掉，但我为我髋部凸出的骨头感到骄傲和感动。"

过去并不简单。小贝尔纳之所以能够赋予枯瘦得吓人的身体上髋部凸起的一块骨头以血脉相承的含义，是因为他有能力活在意象世界当中。这需要他同时拥有记忆和身边人，需要他能够拿自己髂脊的凸起去同他父母的对比，然后在心里对自己说："我的骨头凸起跟他们的一样……我同他们一样……因为我记得父母的样子，我可以把自己看作他们。我爱过他们。我没有背叛他们，因为今天的我与昨天的他们还是一个样。我是他们的延续。"这种因惨剧而产生的血缘感会在孩子的精神中发展出一种对忠诚的执着，使他能在一个肮脏的世界中仍保有自豪感。

与机械领域中的逻辑不同，我们不能说心理伤害会导致心理变质。但我们可以说伤害会根据它在我们的过去和周边获得的意义而导致心理变质。我们中的每一个人经历都不同，家庭和社会背景也不一样。当我们面对同一种伤害时，感受也不同。然而，感受是由意象引发的情绪，而意象依赖于记忆中有历史根源的东西。如果小贝尔纳在受伤之前不识

---

① A. NOVAC, *Les Beaux Jours de ma jeunesse*, Paris, Balland, 1992.

生身父母，他记忆中就不会有他们的印记，骨头的凸出也就不会有意义，因为他不会与父母的凸起进行比较。相反，如果他记忆中父母的爱令他喘不过气来，骨头的意义也会不同："我跟我的父母一样，尽管我那么想有别于他们。这块让我与他们相似的骨骼凸起令我感到厌恶。"如果侵害持续很长时间，贝尔纳有可能被重新拉回到当下：少遭点罪，尽可能保护自己，喝点水，还能喘气。然而最常见的情况是骨头有着未言明的含义，它在内心世界被修改，却从未说出，因为身边人让孩子讲不出话来："你有什么可说的？战争期间我们也吃不上白面包。"这样就只给孩子留下了一段内心故事，像是一种秘密，或更准确地说是一种在他内心中发展的，却不能清楚说出来的隐言。人格分裂很大程度上就是因身边人的反应导致的。

一些从集中营回来的孩子被社会救助机构收容，而这些机构的言论赋予同一种侵害以不同的含义："那个时候你瘦得已经皮包骨了。那个时候你跟你那临死前的父母一模一样。那个时候你总是晃。那个时候有人跟你说话你就会咬自己。再看看你今天进步多大，你能说话、能学习。你还需要很多的勇气才能修补父母双亡之痛。"在这些救助机构中①，孩子的人格分裂几个月就减轻了。一有机会，孩子们就讲自己的故事，这就够了。但是这种机会还是很少的，因为很少成年人能听懂这样的故事。这就使得他们中的大部分成了小说家、演员或至少从事戏剧工作。这样一来，他们就有了讲故事的机会，与他们自身的故事类似，又能为社会接受。艺术成了他们缝合伤口的针和线，将他们人格中撕裂开的两个部分重新缝补在一起。人总有办法讲自己的事，只要永远别用"我"。

---

① CCE（Commission centrale de l'enfance），*Sommes-nous les enfants d'Auschwitz?*，Paris，La Sorbonne，7 juin 1998.

“讲述欲”让人不用“我”就能写出自传

又有什么别的办法呢？既然有讲述自己人生的欲望，那总是要表达出来的。即便是主体无法用词语表达，他也会用别的交流手段，例如通过支持其他（像我一样）被强奸过的女性，通过向其他（像我一样）被殴打过的儿童提供帮助，或者仅仅通过一个普通但流露出自传信息的观点：“我就爱没味道的烂汤（就像在公共救济所里喝的那种，我也不知道为什么自己有这种爱好）。”或者：“在特吕弗的电影《四百击》里面，我经常想到孩子为躲避巡警而躲进车门的那一幕（我在烈士路梅德拉诺马戏团附近也有过完全相同的遭遇）。”

一切观点都是自传性质的，因为它们揭示了我们对世界的感觉，但令我们对某类信息有感觉的是我们的周遭。这就是为什么，当让-保罗·萨特用“1850 年左右，阿尔萨斯一位小学老师为养活众多子女而做了杂货商”① 这样一句话开始他的自传的时候，只是以一种高雅的方式说了我们每个人在谈论自己的时候都会说的、以乔治·佩雷克的方式去说的那句话：“我出生于 1936 年 3 月 7 日星期六晚上接近九点时，在巴黎十九区拉特拉斯街 19 号的一家妇产科医院。”② 我们给出的关于自己的第一个信息是一个无法记录在我们记忆中，而是要由一个社会机构告诉我们的事件。萨特的故事也是由一句家里人告诉他的、记录在档案里的话开始的。或许这个信息真假难辨？或许它干脆就是句谎言，是“鹦鹉学舌”③ 一般的模仿，把别人的话说成自己的。不管怎样，传记总是以一个存于我们外部的记忆开始的。

---

① J. -P. SARTRE, *Les Mots*, *op. cit.*, p. 11.

② G. PEREC, *W ou le souvenir d'enfance*, *op. cit.*, p. 31.

③ M. LEIRIS, *Vie et œuvre*, Paris, Gallimard, 1996.

所有关于自己的故事都具有这种特点。乔治·佩雷克在《W 或童年回忆》[①] 中试图发掘自己内心的时候，是没有办法把书写完的，因为痛苦过于强烈。在这本献给元音 E——即单词 eux（他们），也就是我死去的双亲——的书中，剖析死亡令他苦不堪言。单单是说出名字便已令人痛苦万分，所以他只能把这本童年回忆的书献给用以记起他们的元音。然而在孤独中想起一个画面、一张照片、一个真实的回忆都会令人再次意识到那持久的哀悼有多么痛苦，因为他从没有过机会对他们说“永别”。对于他们的死，作者是不甘心的，因为他并不确信他们是不是真的死了。这种持久的痛苦埋藏在日常活动之间，而当他长时间凝视父亲的照片、独自深陷其中时，痛苦又会变得鲜活起来。

然而，这些埋藏在我们脑海中的回忆是由他人的情绪刻印下来的。哪怕是最麻木的回忆都具有人际的性质。“一直以来我都以为希特勒是在 1936 年 3 月 7 日侵占了波兰。我弄错了，不是日期就是国家，但说到底这并不重要。希特勒已经掌权了，集中营也已发挥它的用途。”佩雷克一开始便以对背景的回忆展开他的自传，提到的档案记录精确得近乎荒诞：3 月 7 日……晚上九点……妇产科医院的位置……十九区。这种没必要的精确一旦加上社会内涵便有了意义：“一直以来我都以为希特勒是在……（的那一天）侵占了波兰。”将出生日和侵占波兰这两个背景回忆联系在一起，佩雷克好像在对我们说：“我的出生预示着死亡。我的出生日被轧上了一层含义，那是我身边人的遭遇赋予我出生这件事的含义：迫害。”可以说佩雷克记错了，但理不错。

六岁便被判处死刑，不可谓不惨。如果孩子接受命运，他举止上会表现得顺从。但奇怪的是，这些举止有着敢于冒险的外表：他神志模糊，穿过街道也不看路，故意跳进河中的漩涡，攀爬他根本爬不过去的

---

① G. PEREC, *W ou le souvenir d'enfance*, *op. cit.*

障碍。对他来说，听凭死神拥抱具有镇静的效果。抑郁症患者对这种奇特的效果并不陌生，因活着的紧迫性而苦不堪言的他们在独自筹划自己的死亡的时候会感觉到一种安宁。仅仅是想到自己握着一大把药片或是撰写遗嘱，都是在通过周遭的几个物件无声地对自己说："总还是有办法让自己不再痛苦的。"令抑郁症患者和待刑儿童感到安宁的濒死感与受溺爱儿童的冒险倾向有着很大的不同。不缺关爱的小孩通过上演场面宏大的神意裁判来与死亡嬉戏，为的是追求一种心理效果，即通过危险的考验博得其价值的证据①。"自从我敢于同足球赛后维持秩序的警察冲突起，我就清楚自己的价值了。"这种以神意裁判仪式来塑造情感的方式为那些规规矩矩的公务员、用功的学生或富有的古董商突然变坏而一发不可收拾时表现出的惊人分裂提供了解释。缺少关爱的孩子在内心考验自己，他们不需要证人，濒死感足以告诉他们自己是谁："死亡赢了并不稀奇；我赢了，只能说我比它强大。"这就足以让屈从的孩子泰然自若了。

很多时候，经历了家人死亡而自己的死亡又在逼近的儿童会感受到内心里涌现出的一个什么东西救了他们。正如佩雷克所说的那样："我可以说……是受到一种不可抗的必要性的推动，坚信我所见证的那些事件应被揭露，应被世人知晓。"②

这就是受侵犯儿童最常有的抵抗方式。它说明，迫害是强化一个念头的最有效方式。

当个人故事成为爱的宣言，听者或为之欣喜，或为之尴尬

但是这个故事，还是要讲给一个人去听或写给一个人去看的。一开

① D. LEBRETON, *Passions du risque*, Paris, Metailié, 1991.

② G. PEREC, *W ou le souvenir d'enfance*, *op. cit.*

始，承受打击的这段历史将儿童置于文化之外："你六岁便被判处死刑……你十到十四岁之间遭父亲性侵……无家可归的你曾经作奸犯科。"所有这些话都只能用内心语言讲给自己听，其首要好处是可以让孩子建构自己的身份："我是……的那个人。"但这种身份是私密的、边缘的、无法言说的，它会使孩子人格分裂：他们显露于社会之上的且往往欢快的那部分人格掩盖了黑暗的、隐秘的和羞耻的那部分人格。但只要讲出来或写出来便可以将这两部分人格重新连接在一起。乔治·佩雷克写《我记得……》[1] 时对此进行了尝试。这是一本有趣的书，通篇由四百八十个陈述普通回忆的句子组成："回忆 35：我记得塞尔当和多蒂耶的拳击比赛；回忆 44：我记得让·莱克的广播节目：《蒙马特阁楼》；回忆 62：我记得塑料彩绳钥匙圈；回忆 142：我记得阿兰·罗布-格里耶是工程师和农学家；回忆 382：我记得毕加索画的鸽子和斯大林画像。"

我们每个人都玩过"我记得"这种游戏，通过交换回忆和分享日常生活带来的轻松，它令我们感到惬意。1988 年在阿维尼翁，萨米·弗雷在舞台上边骑自行车边念诵《我记得……》，每个回忆都会令观众记起往事（"不错，我也记得"），这种平凡琐事的分享在所有记得同样的事的观众中间产生了一种惊人的情感交融之感。

当人们有着相同的回忆时，单单是把过去的事件说出来便会产生情感调节和愉快交流的效果："你还记得我们一起到你父亲的酒窖里偷衣扎拉酒，就是液体黄黄绿绿的那种酒，还为了不被发现往瓶子里加了点水吗？"对那些与我们一同经历过考验的人，我们还会感到亲切："你还记得我们用面包蘸沙丁鱼罐头当饭吃吗？"一个人要是愿意听我们讲故事，我们就更容易接受他。即便是对方没有经历过我们经历过的事，一旦我们对他说了，便造就了一段共同的故事，成为将来的回忆，一段亲

---

[1] G. PEREC, *Je me souviens*, Paris, Hachette, 1978.

密的关系也随即展开。

把事情说出来，就是再经历一遍，只是经历的方式不同。把事情说出来，就是寻回与之相连的情绪，只是所获之感受已然与事件发生时不同，因为要对这件事展开回忆，进行改动才能与听众或读者分享。知心话能建立起情感纽带，所以随之而来的依恋才如此强烈："刚刚对你讲的这些话，我从没对别人讲过。打这一刻起，是亲我爱我还是恨我，全凭你，因为我已落入你手。"

讲自己的故事可不是小事，搭台布景所用的词语不是像公文中物品或事件清单一样没有感情的符号。讲自己的故事具有重大的政治意义：拯救那耳喀索斯。其情感作用很强，能与听众建立内心上的联系。尤为重要的是，这有利于消除人格分裂，就如同讲话人在说："此前，我只表达了公开的、我们的文化照惯例视为最可社会化的那部分自己。我以自己可爱的那部分赢取人们的爱，而压抑了我人格中痛苦的、不能算隐秘却被边缘化了的部分。从现在起，我将自己的故事全盘托出，希望大家爱我就爱完整的我。"

面对这样的情感宣言，我们有可能听得进去并表示欣赏，也可能会觉得尴尬。这是两种截然不同的人际关系策略。喜欢对方的人生故事就是以故事或书为媒，接纳一段亲密关系。相反，因对方坦言而感觉尴尬，还觉得对方不够庄重的人（"他怎么如此赤裸裸"）只愿意通过得体的社会渠道建立人际关系。他们躲在社会约定俗成的条条框框背后，防止与作者产生内心接触。他们认为先有"我们"后有"我"。自我脆弱的时候，"我们"就被用作假体。这种身份认同框架非常舒适，因为只要爱同一个偶像、做相同的连祷就能实现心灵相通。只是个体只有以群体成员的身份才有权表达。归属感是美好的，但是它会导致个体的截肢，导致对朝着别的偶像喊别的口号的人的蔑视。

相反，个人故事就是那耳喀索斯的香脂，是个体的完满，而得到充分发展的个体几乎总是会讲出社会使他蒙受的苦难。若埃尔·阿雷斯如今已是大学教师和作家，因失去母亲、遭父亲性侵而童年悲惨的他曾写道："我憎恨将军、法官、警察和神甫，因为是他们让这个虚伪地保护了我父亲的社会结构得以生效。"①

喜欢自传的人和不喜欢自传的人因这个偏好展示出了两种截然不同的人生策略，前者享受亲密关系，相对地看待社会压力，而后者只有在既成的框架下才会感到自在。

一切内心回忆都是被两度社会化的遇见。第一度社会化时，我们的生态环境浸染了我们的记忆，并在我们的大脑中留下痕迹。第二度社会化是因为一个事件只有被我们周围的人加载了情绪之后才能变成回忆。孤独的孩子没有回忆，尽管隔离会在他们的大脑中留下痕迹。而服用贝塔-受体阻滞剂和抗抑郁药的成年人只要继续使用这些抑制情绪的药物就不会生产回忆②。

只有到了成年以后，我们才能根据我们当下的状态，根据听众是谁，从我们的过去选取有意义的重要事件。一切回忆都是一次对谈，一边是环境在我们内心深处留下的痕迹，另一边是我们想对他人讲述的有关自己的内容。故事就是由词语构成的意象，讲述的是一连串重要的事件。讲自己的故事能让人感觉到自我协调。这是分裂的两部分自我的和解，是被社会接受的我对隐秘的、无法言说的我的最终宽容。主体终于开口，表达完整的自己，就好像在说："我受到过的打击使我人格中痛苦的那个部分缩成一团。我只能表达健康的、别人愿意去听且听了不会不自在的那个部分。如今我已是富有的匠人、作家或律师。这种为社会所接受的补偿让我与痛苦有了足够的距离，也给了我足够的自主权，让

---

① J. ARÈS, *Le Fils favori*, Paris, Éd. du Rocher, 1998.

② L. CHILL, B. PRINS, M. WEBER, J. L. Mc GAUH, *Nature*, n° 371, 1994, p. 702-704, 引用在 *Alzheimer actualités*, n° 95, janvier 1995。

我终于可以表达我的人格。仅仅是说出我遭遇过什么便使我变得完整，而从这一刻起，我便可以把我整个人放在对方面前。我的人际关系变完整了，我自己也不再有幽明之分了。”两度社会化的自我记忆丰富我们的故事，而我们的故事本身也是讲话人与听者的一次相遇和谈判。

故事化是一个过程，它有治疗的功效，是构建一切个人身份和集体身份的必要手段。通过将我的心路历程故事化，我知道了我是谁、我如何反应、我喜欢什么和我能做的事。通过将我们崇拜的人物故事化，通过讲述我们卓越的成就和艰苦的反击，也就知道了我们是谁，知道了我们这个群体、这个民族的特质。

就像有创伤后综合征或顺从于极权社会宣传的人一样，滥用记忆会将我们囚禁于过去

然而一点点东西，如一个词语、一个画面或一个偶像，就能使必要的故事化变为滥用。滥用记忆最具说服力的例子就是创伤后综合征。在长达几十年的时间里，稍不注意，受伤之人便会看到悲剧场景重现，如同白日噩梦。他要花很长时间才有能力讲出来，因为我们的文化几乎不许他开口。这样一来，一种隐秘的痛便将他俘获，在不知不觉间消耗他，而没有人知道为什么他总是疲劳、睡不着觉且易怒，为什么有如此多不明所以的东西让他难受。

一切故事都是一种社会谈判。但是在创伤后综合征中，主体是无辜的，是环境渗透进他的记忆，让他心神不宁。而故事化才能让他开展有意向性的自我重建工作。

个人记忆的意向性目的在于让伤者通过找到自我身份而实现治疗的效果：“我是那个在智利亲眼看见了双亲遭受酷刑的人。我早晚会叫刽子手们付出代价。”伤者有理由隐忍，然而一次遇见、一个简单的句子

就可以让他用他的故事去影响别人，或是让他人产生负罪感，或是合理化自己的复仇。至于他所属的群体，它几乎总是会将悲剧变成工具，用以左右舆论。如此一来，故事化就变成了一把战斧，因为人民总是有记忆可以挖掘。在这种情况下，故事就成了具有感化功能的辩白或证明，成了政治道德课。在以过去为借口的伪装下，故事也就成了未来的行动纲领。

历史上所有想要掌权的人或群体都试图掌控故事的生产，这充分地说明了公共记忆具有意向性的特征："[…] 当书籍随着印刷术的发展对其教说构成威胁的时候，教会立即决定设置一个审查体系。1622 年，罗马教廷创造了万民福音（Propaganda fide）这个新词，目的是通过对图像、事件和故事的技术加工实现布道的目的。拿破仑试图掌控作家，让他们只谈论由皇帝创造的公民地位。二十世纪初，社会党认为'基督教已经过时'，但为了取代教会，它用的还是教会的手段[①]。"纳粹主义强制文学只能有一个主题，那就是对传统的尊重："[…] 对祖先物质精神传统发展的了解有利于我们在判断事物是否符合我们民族特质的时候眼明耳亮。"[②] 苏联美学不厌其烦地在荧幕上讲述挣脱资本主义枷锁的人民勇士的故事，中央委员会也鼓励作家写"值得"出版的书。今天在阿尔及利亚，最受打击的作家都是那些不讲当权者的故事，而去讲别的故事的作家。所以说，讲述过去是极权主义的必经之路。这种对历史的利用也常常用于准备复仇。只要去发掘我们的过去，总能找到一些值得报复的东西。遗忘不是办法，因为这有利于同样的事再次发生，服从过去才能为报仇做准备。遗忘任重复发生，而滥用记忆谋划的是有意向的重复。

---

① L. RICHARD, *Nazisme et littérature*, Paris, François Maspero, 1971, p. 18.

② A. ZIEGLER 1937 年 1 月 14 日在 *Völkischer Beobachter* 报上的文章，*in* Lionel Richard, *op. cit.*, p. 126。

摆脱困境的方法不是遗忘，也不是利用，而是理解。要想感到自我协调、感到平和，心理受伤之人不得不将自己苦难的故事讲给社会。而社会先是让他闭嘴，然后又想利用这个故事，将它做成意识形态武器或社会谈判的筹码。伤者前脚刚讲完自己的苦难，后脚便发现听众已然在按自己的需要，用他的苦难去对社会进行渲染了。事件发生时，主体记住了被其环境情绪化了的东西。而伤者刚讲完故事，就发现他的故事脱离了他的掌控，成了一个他并不认可的言论的养料。为了自保，他不得不讲述他的苦难，而听他讲故事的文化喜怒无常，给同一个事件的含义永远都是不一样的。

有些人民没有历史，却也不比其他人民差。蓬拉贝人生活在蓬拉贝这块土地上，却不知自己从哪里来。吉卜赛人没有文字，他们通过对不了解含义的物件做仪式性的摆放去讲述他们的过去。由于语言和民族根源不清，巴斯克人善于用诗歌来解释这些谜团。我们也是一样，经过几代人的时间后，我们的故事总有停下来、在迷雾中变得模糊不清的那一刻。

相反，犹太人在讲故事方面独占鳌头，犹太民族的故事与其他民族的历史相交之密，只有用地理图谱才能读清。犹太人讲所有语言，也穿所有民族的衣服。三千年前他们留下的最早痕迹就是迁徙：因为拒绝献祭儿童，他们离开了美索不达米亚的乌尔，在迦南的土地巴勒斯坦定居。他们不断适应各种环境，给后来的所有文明都留下了印记，如巴比伦文明、波斯文明、希腊文明、罗马和拜占庭文明、阿拉伯和奥斯曼文明①。紧接着，他们又在现代西方和中东文化中扮演了重要角色。他们的故事有力地告诉我们，了解自己的过去不会避免悲剧重演，因为不了

① É. BARNAVI (dir.), *Histoire universelle des Juifs de la Genèse à la fin du XXe siècle*, Paris, Hachette, 1992.

解犹太民族故事的其他文化会听从这样那样的神话，并强加给犹太人。

当记忆僵化了未来，当熟知过去的背后是极权纲领，证词便不再可能

神话的创造者们用他们的故事雕琢一种文化图腾作为群体的身份认同。他们以一种反常的方式利用历史，目的在于创造一种图腾氏族黏合剂。美国人创造了乡村牛仔和友善的北方人。他们使用真实历史的片段，将有可能碍事的内容隐藏起来，以便所有移民都能够与这个幻想的产物产生认同感。

记忆的滥用比遗忘更能僵化未来、引发重复。努力理解历史而不是去利用它，这样就可以将记忆与对过去的叛逆连接起来，前者赋予含义，后者促进创造。

直到今天，西方社会都还不怎么重视记忆。近来在西方出现的先祖崇拜很可能是出于政治目的。法国重提克洛维斯，意大利翻出尘封的帕达尼亚，耶路撒冷出土的迦南陶器，美国发现的有九千年历史的高加索人骨架，这些标志其实都是在说："请你们离开这里，我们才是最先生活在这里的人。"这很可能是真的，但问题是如何定义"我们"才能知道谁该走呢？美国哥伦比亚河发现的骨架是高加索人的，因此是金黄色头发的，那么所有印第安人就该走。因此，利用过去筹划未来，就是发明一种意识形态语法。

之所以有这种荒谬的逻辑是因为社会体是可以被不断塑造的。"我们"的清晰辨认只存在几年，用以形成一个文化潮流。由一种多样的归属关系构成的社会身份，其真实性只是暂时的。唯一不变的是变化本身。而伤者的伤痕存在于他的记忆里，存在于他的个人身份之中。一生当中，我们的变化是缓慢的，而文化潮流却可以迅速熄灭或颠倒，以至

于我们在一生中会被多种不断运动的社会环境裹挟。1946 年，一名波兰天主教徒到了美国，他因第三帝国的意识形态而受到了严重的伤害，帝国抢走了他两个金发的孩子，交给纯种的雅利安人抚养。那个时候的美国还有不少波兰语报纸，他的故事还能被听到，因此他还可以发出声音。今天，波兰语报纸已经不存在了，所有小孩都讲英语。但是也出现了几所学生可以用西班牙语参加考试、获得美国文凭的大学，还有几所只要同西方人接触就会被指控为“白化”的亚裔学校。所以说在今天，同样的波兰人，带着相同的伤，就只能闭嘴，没有人能听懂他讲什么了。

当听众的文化不断变化并给予同一个事件以不同含义的时候，想要通过讲述自己的苦难来获得宽慰，想要以自己的身份站在他人面前，向他人展现完整的自己的人，还能怎么办呢？普里莫·莱维是灭绝集中营的幸存者，早在 1948 年他就想要作证，但他的书只卖出了七百本，尽管当时他已经是知名化学家了。这就是说除了他的亲友，没有人买他的书。1987 年，文化风向突然转变，欧洲极度渴求这类故事，《这是不是个人》的销量很快接近十万册。

二战后，集中营幸存者们不被允许讲话，因为他们不合时宜的言论是扫兴的，有可能使重生中的法国的愉快氛围变了味道。他们的证言可能会损伤希望。以至于很久以后，到了 1971 年，教师福里森修正记忆中有关种族灭绝行动的否定主义论调轻易就被他所在的大学接受了。

沉默是文化共谋的结果，在这当中所有人都能得到好处。集中营幸存者们的否认能让他们免于被加深伤害，给他们变回常人的希望。芭芭拉说：“有什么好哭的？都不重要，继续生活。”[1] 完整性不可再得，所有创伤都要求转变，否则就是维持伤口和不堪。就像受伤的人躺着不想

---

① BARBARA, *Il était un piano noir*, *op. cit.*, p. 31.

挪地方一样，遗忘能减少痛苦。

一切文化都有否认的倾向。人们很少提第一次世界大战后的否定主义企图。然而一战的结果如此之恐怖，以至于当时的政府决定避而不谈，免得使噩梦延续：一百五十万人死亡，四百万人毁容，五百万人得了无法医治的疾病。每个家庭中，要么有人死，要么有人残。不沉默能行吗?

1921 年任南锡议员的路易·马兰的报告阻止了否定主义的蔓延。当时不少退伍军人组织纷纷成立，在每个村镇广场上建立既简朴又浮夸的纪念碑，而人们在上面看到的不是将军或军官的名字，而是街角肉铺老板的名字，是本地农民的名字。这是卑微的小人物的胜利，因为他们直面过惨剧，而人们却想让他们闭嘴。“每年的纪念活动不是由国家部门组织的，是由退伍军人协会组织的。”① “否定主义其实就是在说：‘去死吧，你们的痛苦让我们感到厌烦。’” 但是卑微的人们进行了反抗，他们中的一些人写下了自己的苦难，其中亨利·巴比斯的《火线》还被授予了龚古尔文学奖。

现实有碍观瞻，人们便致力于社会否认。人们嘲讽退伍军人们的集会，让他们二度闭嘴。每当这些从地狱里回来的人站出来作证，引来的都是笑声。阿尔及利亚冲突以及 1960 年代的“警察行动”都更像是缄默的战争。这有政治上的原因，因为需要将战争的性质相对化；有情感上的原因，因为法国本土有不少人认为军队是在阿尔及利亚休假，顺便保护侨民的利益。这导致了双方当时共有三百万士兵参战，有两万五千人死亡、一百万人受伤、几千人失踪等事实都差不多被否认了。

与情感否认相反，操控记忆代表着极权。50 年代，共产主义欣欣向

---

① G. VINCENT, « Guerres dites, guerres tues et l’énigme identitaire », *in* P. ARIÈS, G. DUBY, *Histoire de la vie privée*, *op. cit.*, t. V, 1987, p. 211.

荣，知识分子们都拒绝听到发生在苏联的有关古拉格、无辩护审判、大清洗和排犹主义的事情。为了理论的合理性，就要钳制那些让人们不得不去更换理论的信息。将现实束之高阁方能统一思想。

要想获得种族主义者的幸福感，应避免换位思考，让自己服从于名叫“集体记忆”的神话故事

情感否认与伤者的否认属同一范畴：它是防御性的，有减少痛苦的功效。而否定主义是有意为之，它是在言论当中延续灭绝的企图，并为真正的灭绝行动做准备。心理否认可以让人一夜安宁，而有意向地利用遗忘则会给人以种族主义者的幸福感。

这确是一种幸福感。当30年代的德国导演莱妮·里芬施塔尔拍摄柏林奥运会时，她展现的是纳粹的面貌，尽管她称自己当时并没有意识到这一点。画面中金发美丽的年轻人们仰望着天空，光线凸显了他们的肌肉。一次次的获胜给了他们一种食肉动物似的愉悦，让他们觉得自己超越所有其他民族。所有受这种风格影响的影片都会语义化自己的画面，赋予它们以秩序、等级、荣耀、纯洁、力量和祖先的含义。人群一排排站得笔直，元首迎着光走上讲台，聆听种族缔造者们的教导。

极权的戏剧化展现和人群的表现呈现了一个由画面构成的故事，其中包含着否定主义。为了表现得清楚、有说服力，要想让表演成为铁证，就得阻止来自反方的证词。一切争论都有可能淡化影像的效果，因色彩不分明而使信念减弱。一切疑问也都会降低幸福感。民主人士则将人拉回现实。通过让我们知道黑人不是只懂得跳舞的蠢货，而是跟我们一样能谈论艺术或哲学的人，民主人士降低了我们情感修辞的音量；正是这种情感修辞让我们觉得自己出身更高贵，让我们以为生个好地方、

生个好肤色就不必再证实自己的价值，让我们坚信自己生来优越。这种“庸人的贵族范”① 让我们免于经受检验。如果我们不巧发现对方也是有价值的，我们的快乐就不会那么猛烈，因为我们就要考虑对方的不同意见。当负罪感让我们无法嘲笑、践踏或消灭对方时，归属感便没那么令人兴奋了②。

种族主义靠否认给人以幸福感。这种有选择的视而不见让某些信息无法抵达意识，让它们无法改变所有靠蔑视他人而感到幸福的种族主义者都需要的纯洁意象。

集体健忘才是硬道理，因为否定主义的优势就在于它给人以清晰的意识、固定的举止和无须设身处地为受害者考虑的美好归属感。这种记忆的切除要求将书烧掉、让证人闭嘴，进而重写历史。在僵化的秩序下，这些都轻而易举。否定主义这个办法如此高效，以至于在每个历史转弯处，它都会被重新使用。公元一世纪，狂热党中的犹太人试图销毁温和派犹太人的所有痕迹；宗教裁判所希望只有一种信仰，并且在六百年间（十三到十九世纪）将所有与其信仰不同的人的痕迹付诸烈火；纳粹党人 1933 年在柏林进行的焚书活动属于对记忆的有意向的构建。在希腊军政府时期，在皮诺切特统治下的智利，以及在所有因不可告人的目的而与过去对抗的群体中都是如此。集体记忆是一种约定了的言论，为了自身的利益让伤者保持沉默，只看中为其提供佐证的人。

被他人情绪植入我们头脑中的个人记忆可被用来编社会剧

至于个人记忆，它是受环境浸染的。感官环境能造就大脑的某些区

① A. FINKIELKRAUT, *La Mémoire vaine*, Paris, Gallimard, 1989.

② C. BROWNING, *Des hommes ordinaires*, Paris, Les Belles Lettres, 1994.

域，使它获得一种情绪模型，让人对某类信息更加敏感。然后，周围人将情绪注入某些事件，让人拿去丰富自己的回忆。

如果将思路停在这里，我们会下结论说个人就是一个容器，盛着环境放进去的一些回忆。然而，内心语言，即我们想到自己或想到自己的经历时对自己讲的故事，会创造一个叙事身份、一系列稳定的意象，让我们在环境变化甚至对我们造成打击的时候有与自己保持一致的感觉。

我们在人际关系中所做的很大一部分努力都是让两个都声称所言属实的故事重合在一起。然而现实就摆在那里，既有目击者声称亲眼所见，也有社会故事断言对其进行了转述。但这不是一回事。

我们可以认为目击者的证词具有原创的性质，因为我们从孤独的儿童那里已经了解到，当他们在孤独中遭遇一些事件的时候，他们是记不清这些事件的。我们可以称目击者的证词具有原创的性质①，也可以称之为对记忆的创始性利用。

当一个重要证人参加纪念活动的时候，不管他是集中营幸存者还是退伍军人，我们对他这个人、对他的故事是完全不了解的。但是既然他被作为象征放在那里，就应该身带所有可以引发回忆的标记：彩帽、一排排的勋章、有条纹的囚裤或纹有图案的前臂，都是足以令人联想出合理故事的标志。他用身体构成的画面和他出场就足以让人联想到的标志向人讲述着符合约定的悲剧景象：堆积的尸体……冒烟的烟囱……边杀人边笑的纳粹党徒们的残暴。把这种作证当作使命的几个幸存者都没有意识到，他们的苦难已被这种方式转变成了没有台词、只由画面构成的故事，跟某种广告一个样。这种没有思想的话语进而变成刻板的剧情，讲得久了，就无法引起最初的情绪了。

---

① R. DUGONG, *Le Témoin oculaire*, Paris, École des hautes études en sciences sociales, 1998, p. 47.

当幸存者扮演自身不幸的长期代言人，这个角色会在他内心中成为一个至关重要的使命。他的证词能够帮助他将所受的屈辱变成积极的信息，变成记忆的责任，好让同样的事情不再发生。这对他是有疗愈作用的，因为重提往事，往事就被他转变成了情绪。他无道理可言的苦难就有了含义，也因为有用而变得容易承受。这与听众，更准确地说，与观众的内心世界完全不同，因为他们不需要做这种转化工作。当一位集中营幸存者受邀参加青年历史学家的聚会，他的作用就是复述几句骇人听闻的话，但这些话已经变得像口号一样，没人去听了。

50 年代，幸免死于奥斯威辛的小贝尔纳每年都要去为纪念他所在高中死难者而建的纪念碑前献一束花。在冰冷的沉默中，他手捧鲜花，穿过由神情呆滞的老师和学生组成的两道人墙。他苦难的回忆和大屠杀都已变成了干瘪的仪式：无聊的沉默中几声响亮的脚步后，鞠一个躬。等这个不得不参加的仪式一结束，一切又恢复正常，人们的脸上又有了生气，在闲聊的欢快嗡嗡声中开始想别的事情了。

无数的牺牲只换来了这些！

不得不说出“为什么”，可作证又叫人恼怒，这一下子就使交流变得不可能。环境先让儿童闭嘴，然后又怪他不说话。是环境先将儿童的苦难变成了无声的故事、刻板的剧目，进而对之漠不关心以便生活得更加舒服，不会因负罪感而感到局促，也不用在他人的苦难中感到不合时宜。反过来，如果人们对其苦难中肮脏的东西兴奋不已、欲罢不能，儿童会更讲不出话来。

记忆不只是他人情绪在我们大脑中留下的事件的生物性记录。记忆有其自身的历史，所有心理受伤的人都要承受。对于崭新的记忆①，伤者需要将它转换成故事，以便控制情绪，将他们的苦难社会化，以再次

① G. NAMER, *Mémoire et société*, Paris, Méridien-Klincksiek, 1987, p. 143.

感到自己与他人一样。

刚刚受到冲击时，人们因惊愕而默不出声。没什么可说的，重点在于挺过去。而一旦伤者们恢复了一定的社会化，例如地震时躲进大棚、送往集中营前关进巴黎鲁特西亚酒店，或在被侵犯或强奸后被送进救助机构，闲聊的声音便会响起。这时听众会立刻让他们闭嘴。有时候负责照料伤者的人会导致记忆退潮，也就是每个人心里都会有的那种滞留。这部分地解释了伤者的人格分裂，以及他们在作证时被迫的拐弯抹角。

一方面不得不讲出自己的不幸，另一方面又只能讲可被社会接受的部分。在这种冲突之下，戏剧化记忆应运而生。受害者先是被要求闭嘴，因为曾经近距离接触过凶手的他们一样令人倒胃口①，紧接着他们的不幸就被用去当作官方样板戏。曾经认为灭绝集中营幸存者可疑的人，觉得这些人如果不同凶手合作是活不下来的，现在他们又要求每一次政治集会上都要有集中营幸存者在场。

当退伍军人协会最终战胜了对一战的否定主义企图时，为各方认可的故事也便随即出台，以至于许多一战法国士兵最后讲的都是听众希望听到的内容：句句离不开“鲜红的血流成河”，拼刺刀也成了老生常谈，在恐怖中给人以愉悦。不回到现实中，不冒着被批判的风险就无法作证，无法说出到底发生了什么。事实上，炮弹片的灼烧留下的烙伤比“鲜红的血”更易于化脓，因为血流出来就被污泥吸收了。至于刺刀则可以说根本没被用过②，只不过它可以使故事变得壮烈，因为它讲述的是人民勇士光荣牺牲这一令人动容的故事。

到了最后，证人们自己也不再讲他们脑海里的回忆，而是去讲别人

---

① G. VIGARELLO, *Histoire du viol*, Paris, Seuil, 1998.

② R. CRU, J. NORTON, *Essai d'analyse et de critique des souvenirs des combattants édités en français de* 1915 *à* 1928, Paris, Éd. Les Étincelles, 1929；再版题为 *Témoins et témoignages*, Nancy, Presses universitaires de Nancy, 1994。

在其苦难基础上创造的神话了。被各种学院授以奖项的小说，以及令人留下钦佩泪水的电影画面，将这些沮丧邋遢的士兵变成了光芒夺目的英雄，以宣扬小人物的勇气和高贵。因为军官已经失信，拯救了荣誉的是普通大众。在导致了几百万人死亡，使全社会陷入悲伤的那些平庸的决策者中间，只有一个人未甘下流：贝当元帅①。他因勇气和诚信进入神话，这使他在二十年后，也就是1940年7月1日合法当选国家元首，也为他在另一次屠杀中扮演的重要角色埋下了伏笔——有待新一轮否定主义去相对化了。

对美的需求太过迫切，证词因破除神话而破坏团结

对美的需求太过强烈，使现实变得模糊。实际上，如果我们有机会接触到客观的证词，就会发现其引发的情绪效应是比神话更强的。但客观的证词因为打碎了梦，而会破坏社会性和团结。想要维护社会关系的证人应服从于神话。那么，当他说出记忆中的东西时，会再次成为孤家寡人，且常常受到攻击。盖满污垢的肮脏伤口的样子，没完没了地玩勃洛特纸牌只为解闷，还有呆滞的人们因情感淡漠而接受死在茅厕大便槽这种荒谬的死法，这都会让听者默默地感到恶心，使他为了不过分瞧不起作证的受害者而努力去忘记所听到的事。相反，会说话的人能找到恰当的词语，将令人感到恶心抑郁的愚蠢死法转变成只有在故事中才有意义的光荣史诗。人们都喜欢这个作伪供的证人，因为他美化的现实我们容易承受，让我们感到舒服。要想共同生活在一起，要想互相喜爱，那就只能讲神话，不能说实话。讲实话的人没好下场，只能被

① A. PROST, « De la Première Guerre mondiale à nos jours », *in* P. ARIÈS, G. DUBY, *Histoire de la vie privée*, *op. cit.*, t. V, p. 211.

边缘化。

当小贝尔纳用监禁和押送集中营的事来讲述他被判死刑的现实的时候，当他描述德国士兵协同戴大檐帽和墨镜的法国便衣在夜里逮捕了一名六岁儿童的时候，谁都不相信他，因为这个现实在当时看起来不像是真的。当他讲自己越狱故事的时候，大人们哄堂大笑，因为这样的越狱太过荒诞离奇。一天，一位善良的人，应该也是个重要人物，对他说："这点钱你拿着去买糖吃吧，你编的故事都很有趣。"就是这样一句话，让小贝尔纳缄默不语了五十年。所以说，我们只能去说文化想要听到的东西。但是作证的需要令伤者抓心挠肝，甚至成了一种折磨。不作证就是背叛，但他只能按文化规定的表达标准来说。

对当下的考虑使得一些证词被需要，而另一些证词被抑制，就好像集体身份，这个只存在于意象中的文化上的"我们"需要过去的某个故事去实现其未来的目标一样。

刚刚光复的法国优先需要听抵抗运动者们的证词。有赖这（四千万人口中的）二十万人，每个法国人都可以扬眉吐气，治愈 1940 年战败和被耻辱占领的伤痕。每个故事、每部电影都要暗示，让人觉得每个法国人都是抵抗派，偷偷的也算。看诺埃-诺尔的电影《安详的父亲》时，所有人都以为当中的父亲靠着谨小慎微经历了战争。那您就错了，观众朋友，他表面上的顺服其实是为了更好地抵抗（或许我们都是如此?）。在战后几年那不可思议的文化欢愉中，现实令人不快，想象才是美好的。这部电影也迎合了这一点，就像当时所有的小说和所有真正的证词一样，因为它们所处的文化只想听美丽的英雄故事。

在这个背景下，当普里莫·莱维、罗伯特·安特尔梅、大卫·鲁塞和其他许多人想要为自己忍受的难以计数的暴行作证时，文化没有给他们发言权。与此相反，1980 年代的人们则更希望理解究竟发生了什么。城市的重建和家庭的重组已不再迫在眉睫，人们可以转向过去，试着去认识它。那么在这个新的背景下，作证就变得有意义了。

1950 年代，对维希政府公务员参加人类历史上第一次行政性大屠杀的冷酷暴行，人们要视而不见。说一位区长通过简单的行政决定判处九百九十名成人、二百六十三名儿童死刑是没什么意义的。几名幸存者声称“我就在其中”也没有被听到。正相反，那些成功再度社会化的人为了让他们闭嘴不遗余力，旁征博引地向他们解释说他们所看到的是假的，因为与他们应该看到的情况不相符。当时决策者们所患的社会心理重听旨在维护重建中的团结和干劲……哪怕是要封住证人们的嘴也在所不惜。1945 年提出的问题直到 1981 年才被听到，因为新的社会背景为这种“办公室罪行”① 赋予了另一种含义。

然而谁又能理解，在 1998 年的社会背景下，事件的含义与 1942—1944 年档案中的记录是不一样的？当人们再次找到那些订购毯子、咖啡和空车皮的文件时，原区长反而将其作为证据，证明自己的行为是出于人道主义。谁还能记得，当时仅有的毯子的用途是把盖毯子的孩子们聚拢在一起，以便之后顺利把他们关进车厢里？谁还记得咖啡只在夜里分发，而且不喝不行，因为用枪托驱赶着人们排成一排后更容易清点人数？至于那些运输牲畜的车厢，它们并非像公务员所说是用来装行李的②，而是为了把孩子们关进去后贴上封条，好让他们一个都跑不掉。

每件事都确实存在，也被如实记录下来：档案中确有用于运输的毯子、咖啡和车厢的记录，但是这些东西的用途与所言相反。在 1940 年的战争现实中，这些东西方便了屠杀；然而在 1998 年的故事中，它们变成了人道主义援助。事件的含义并不会定格在档案里，而是随着事过

① B. POIROT-DELPECH, *Papon：un crime de bureau*, Paris, Stock, 1998.

② M. PAPON, *Le Monde de Léa*, TF1, 27 novembre 1997.

境迁，由时间的推移去改变的。

所有的证词都是带有角度的。你之所以有事可讲，是因为你的过去和你的环境让你对此类事件敏感。你之所以要在今天把这件事讲给某人听，是因为你的故事有为你辩护的意义：或是洗掉耻辱，或是通过影响社会陈述来改变集体意象。普里莫·莱维知道自己的书要被译成德文时，他说："［…］一种强烈且从未体验过的情绪占据了我，让我感觉好像赢得了一场战役［…］这本书若是武器，那么它瞄准的，也就是它的真正读者正是他们——德国人。"①

这种说法是非常形象的。我们也该自问，在回忆之上构建的故事（而不是回忆本身）若是武器，它瞄准的是谁。我们的回忆对于构建我们的叙事身份来说是必要的，遗忘有助于让我们的自传体故事前后一致，让我们既不滋养仇恨，也不因仇恨而过度痛苦。如果我们热爱生活，就该把自己的故事讲出来。相反，如果我们钟爱仇恨，建立在我们回忆之上的故事也会成为一把举起来的枪。

社会故事的一致性十分重要，所有救助机构，即便是那些最慷慨、最必要的救助机构都会让那些证词令人难以置信的受害者们保持缄默

现代精神病学刚刚在 1970 年代创立，1981 年便有观点揭露精神病医生们的否定主义②。我当时对此略有耳闻。精神病医院的原行政人员和几个快要退休的护士跟我讲过战争期间精神病医院的日常。在那个世界里，一切都是疯的，不只是病人。那里面有高尚的人，也有恶魔般的

① P. LEVI，引用在 R. DULONG，*Le Témoin oculaire*，École des hautes études en sciences sociales，1998，p. 112。

② M. LAFONT，*L'Extermination douce*，博士论文，Lyon，1981。

护士；有无知的医生，也有新的临床和治疗方式的探寻者。

在 1940 年代精神病医院的文化背景中，人们经常说的是为活下去而进行抗争，是强者存活下来，也就是弱者被淘汰。十二万精神病患者聚集在一起，食品定量配给，没有治疗，还有想要清除掉污染种族之人的明确意图①，所有这一切都给那些阴险的决定开了绿灯。这些奇怪的医院中的正常死亡率也就从 1938 年的 6.88% 上升到了 1941 年的 26.48%。就是在这些医院中，人们开始描述因食物缺乏而导致的浮肿。然而因此消失的四万病人并没有留下痕迹，也没有写下什么故事。等到被允许作证时，他们所讲述的暴行被认为是极端妄想，然而疯了的是当时的社会。这些病人在沉默中死去，这符合战后的人们想要重建国家而不去算旧账的愿望。

正因这种良心的泯灭，精神病医院得以重开，精神病医生、护士、医院管理人员的资格考试也得以在一片祥和中重新组织。否认保护了决策者，让他们今天依旧认为不应该唤醒深埋的耻辱，用修正主义策略使悲剧相对化。他们在数字上斤斤计较，称“正常人”当时也要忍受饥饿，解释说整个战争期间很多住院患者都是在家人身边生活的，声称这一切都是真的。

悲剧故事自发的发展也方便了修正主义论调。受伤记忆这出剧的最后一幕便是普通化。不管是记忆中被我们身边人的反应浸染的内心剧，还是以夸张的语调讲述神话的公开剧，随着回忆的剧本的发展，惨剧终将变成嗡嗡声，聚光灯也终将熄灭。

“可不是吗……这也没那么严重……乱伦又要不了命……谁都知道德国人坏……课本里没完没了讲殖民主义叫我烦透了”，这都是那些为了舒心而日常践行修正主义论调的人惯常的思维方式。

---

① A. CARREL, *L'Homme, cet inconnu*, Paris, Plon, 1935, p. 297 et 405-414.

当然，所有人都有共谋的嫌疑：像夏洛特·德尔博这样的受害者都希望“走出历史，走进生活”[1]，那些为了不影响自己睡午觉而努力不去听细节的人也是如此。这种具有保护作用的否认让伤者和负责照顾伤者的人之间产生了奇怪的关系障碍。解放集中营时，面对眼前这些正在看着自己的令人作呕的活死人，美国士兵没办法微笑，也没办法对他们讲一句话。几乎所有遭受乱伦侵犯的未成年受害者都发出过求救信号，但由于大家都说这是他们的臆想或说他们必然是挑逗了父亲，他们最终闭上了嘴巴。曾经，人们让大屠杀幸存儿童提供父母的死亡证明；今天，人们要求卢旺达儿童提供他们目睹的大屠杀的证据。人们向越狱儿童要退休保险缴纳年数，花费高昂的费用让他们东奔西跑，就为了得到一件由某个遥远的救助机构提供的、他们根本穿不了的羊毛衫；人们高谈阔论，目的是想知道为收容这些瘦弱的小幸存者而征用的豪华酒店会不会使他们腐化堕落。这导致了几乎所有受害者都只能依靠心理分裂才能适应这种日常的荒诞。因此，讲给没有能力理解他们的“正常人”的故事和有着相同凄惨经历的受害者之间近乎秘而不宣的话语，就完全不同了。

记忆的这种双重社会性产生的结果是奇特的。受伤个体感受到作证的迫切需要却什么都说不了，因为社会要他保持缄默。但社会同时又强加给他记忆的责任，让他的苦难故事为集体神话提供养料。这种记忆的责任让集中营幸存者“戎装”出镜，站在讲台下方。这种责任让被强奸儿童走上讲台，向一众兴致盎然的专家公开讲述自己遭受的性侮辱。这种责任还让拉什聂尔这位退党分子声称自己在集中营期间未受到过伤害，也从未见到过炼人炉的大烟囱，从而掀起否定主义浪潮。正是这种责任导致了虚假回忆综合征。

---

① C. DELBO, *Une connaissance inutile*, Paris, Éd. de Minuit, 1970.

1970年代我们开始对乱伦问题进行研究时，引发的反应有截然不同的两种。最常见的反应是否认，例如某位医生对他未婚妻说："这肯定是你的臆想。"群体的否认解释了为什么某位教师要离开自己任教的村庄，因为他指控父亲乱伦，而父亲却受到了邻居们的维护。群体的否认也解释了为什么某位记者在向我提出了奇怪的问题后突然声称："您的话我不信，难道小孩不会拒绝吗?"

虚假回忆乐园

与否认相对的，是对不可思议的受害者们可疑的热情。1980年，一场追忆逝去记忆的运动于美国兴起。"心理治疗师"让"一直被抑制的"创伤"记忆"重新浮出水面。随即而来的是一系列引人注目的审判，大量父亲被公开审问和判刑，直到有一天"受害者们"亲口承认根本没有发生过性侵，想知道自己这些可怕的"回忆"是哪来的，只是这一切都有点太晚了。

心理学家伊丽莎白·洛夫特斯对性创伤这个所有神经症的罪魁祸首的不可治愈性一贯存疑，因为她自己小时候就遭受过性侵，却通过连续的复原力建设而成为一位充分发展的女性，还成了记忆专家，这怕不是巧合可以解释的①。

伪精神分析学的公设是这样的：你今天感觉痛苦，那是因为你小时候被侵犯过，而你的抑制机制又阻止你将侵犯的记忆上升到意识层面。说出这段往事，你就会好过了。这种在美国获得巨大成功的疗法如今也在法国发展起来，其原因的解释很明确："[…] 记忆的非凡暗示能力不

① E. LOFTUS, K. KETCHAM, *Le Syndrome des faux souvenirs*, Paris, Éd. Exergue, 1997.

断给我惊喜。”[1]

暗示力。由于催眠的坏名声，我们低估了影响心理学。某些现代作者如托比·纳坦[2]、达尼埃尔·布纽[3]和让-雷翁·博沃瓦[4]在各自不同的学科中翻新这个概念，展示如何塑造人们的记忆，如何将绝对虚假的回忆植入他们的思想，甚至让他们真诚地讲出只存在于实验者想象中的事件。通过简单的影响，我们就可以改变他们的生平故事，使他们对自我形象的看法发生变化。我们甚至可以通过改变一个人对自身的意象去治疗他感受到的羞愧感。心理治疗就是这样进行的，而一个母亲影响她的孩子、一个父亲影响他的家庭或一个文化群体影响构成它的成员也是这样进行的。这种影响过程通过让我们相信同一神话而和谐共存。仅仅是感受同一情绪、喜爱同一作品、共同完成相同的仪式便足以产生美妙的归属感。不过请注意，真话的敌人可不是假话，而是神话！我们警惕并试图辨别假话，但我们钟爱神话，甘愿受其摆布。服从不是由于劝服，而是因为一种行为上的导演使情绪有了结构并得以传播[5]。

既然我们现在已经知道记忆是与情绪相关联的，那么这一实验结果就告诉我们，装进记忆中的关系远多过事件。因此，我们更容易沉浸在同影响自己的人建立的关系之中。这样一来，爱情中的时刻和可怕的事件就成了我们传记结构的拱顶石。对于那些影响我们的人，我们给了他们标记我们的能力。布拉桑唱道：“永不能忘，我们第一次拥入怀里的姑娘。”而记忆中的这一美妙时刻也就成了我们生平故事中的一个时间

---

① E. LOFTUS, K. KETCHAM, *Le Syndrome des faux souvenirs*, Paris, Éd. Exergue, 1997, p. 23.

② T. NATHAN, *L'influence qui guérit*, Paris, Odile Jacob, 1994.

③ D. BOUGNOUX, *La Suggestion. Hypnose, influence, transe*, Chilly-Mazarin, Les Empêcheurs de penser en rond, 1991.

④ J.-L. BEAUVOIS, *Traité de la servitude libérale*, Paris, Dunod, 1994.

⑤ *Ibid.*

坐标，作用类似媒体上那些热点文化事件：肯尼迪遇刺时，我在我岳父岳母家。要不是有这样一个高情绪感染力的社会事件，我会把这次友好的拜访忘得一干二净。

不过也有坏处：仇恨也是一种影响，这就使得我们不仅让自己喜爱的人塑造我们的记忆，参与我们的身份，也给了我们讨厌的人以完全相同的能力。埃尔韦·巴赞在《毒舌在握》中讲述了他如何在其憎恨的母亲福尔科什身边构建自己的身份。受虐待儿童的记忆中都有一部影片，一有引子他们就会在充满回忆的内心世界将其回放："每当我举手要打孩子，我就想起我母亲，于是难过地停下手来。"美丽且令人心碎的歌手芭芭拉在走向生命尽头时依然因父亲没有留下一句话便死去而感到遗憾，因为在塔布的一个夜里将自己的世界推入深渊的这个人若是在死前说点什么，就有可能获得她的原谅，让她不必再活在仇恨里。"死前他曾想/在我的微笑中重获温暖/可是他当夜就死掉了/没有告别，没有一句爱的呼喊①。"然而神话是一种如此令人震撼的社会意象，它引发的情绪足以浸染所有人的记忆。

曾在美国上演过一次令人难以置信的意象传染。"受害者们"见面、通信、阅读相同的书籍②。其中一些女性感到有点尴尬，但是"心理治疗师们"几句话就用理论解释消除了这种尴尬。这些人确实有了精神上的好转，因为这些孤独的女人重新开始生活、旅行、阅读和交谈了。她们同其他受害者分享着同一个世界，可以在相同的痛苦中实现情感相通。从小就开始体验的生活之苦终于有了解释，知道了病根也就知道了该往哪开刀。

性侵害成了一件好事。在群体中大家活得更好，痛苦也变得清楚明

---

① BARBARA, *Nantes*.

② Associations américaines, *Survivors of Incest Anonymous*, *The courage to heal*.

白。离婚也不愁了，还能拿到一笔小钱用来治疗。谁要是怀疑，那他就倒霉了，会被放逐。受害者若是讲出了其社会群体想要听到的故事，他会得到奉承：“你受了这么多苦，告诉我们发生了什么——但你只能说大伙想听到的。”要是有受害者不幸说自己走出来了，说自己战胜了考验，人们会立即指控他在否认或者在与侵犯者进行和解，因为他扰了大家屈从于神话的乐趣。

要想解开谜团就要知道，为什么很多时候证词不被允许，而有时候证词又被过度表述。问题不在于说：“受伤的人们，你们完了。”而是问：“面对所受的伤，你们要做什么？服从于伤害而一辈子做受害者，让跑来帮助你们的人自我感觉良好？复仇，把伤口展露出来，让侵害你们的人或拒绝帮助你们的人心生负罪？让你们的悲剧为意识形态服务，成为掌握权力的关键？自己以泪洗面，对外却强颜欢笑？抑或是强化自己人格中健康的那个部分，与创伤战斗并最终活出个人样？”

所有人都乐意签署的缄默协议无疑是成本最低的策略。伤者须要咬紧牙关，可是如果他呻吟、抗议或仅仅是把他的痛苦讲出来，正常的听者会因为尴尬而说他讲这种话不合时宜，甚至会谴责伤者“赤裸裸”。而当受害者保持沉默时，他的内心话语便会启动。没能讲出的故事，美妙的或恐怖的幻想便会在这样一个静止又无声的人的世界里翻江倒海。

要是没有过去创伤的记忆，我们既不会幸福也不会不幸，因为我们会被当下彻底支配

在“让人闭嘴”的策略中，最佳结果应该是阻止一切故事、一切记忆，让人活在当下，既不考虑未来，也不旧事重提。我们之所以会感到不幸，是因为我们有想象时间的能力。从不会去想这个问题的人会说，活在当下就一切都好了。

医学中的一些自然主义实验可以让我们判断活在当下、忘记过去的创伤是否能让我们幸福。对于这个问题的解答，每年都会造成几千人颅外伤的交通事故为我们提供了无比丰富的素材。记忆变成空白是在创伤造成之时，也包括稍前一点的时间。但是它也可能发展成几个月和几年的记忆空白，将事故发生前的生平抹去，这被称作逆行性遗忘症。老年人常患的顺行性遗忘症指的是时间不断向前走，患者也不断忘记发生在近期的事件。患者记得早期的生平，而且精准程度令人惊讶：前一天的事她不记得，却能准确说出她六到八岁时同班同学的名字，能记得七十年前老师说过什么话，以及容易给儿童留下印象的几个衣着细节。

逆行性遗忘症抹去的是创伤前的生平，而顺行性遗忘症将事故后的生平统统排斥于记忆之外。我们关心的是通过这种自然经验去观察，在这些不同的记忆中，故事、语言行为和自我感觉是如何变化的。

一位因交通事故而患有逆行性遗忘症的伤者返回他作为园丁工作过五年的高尔夫球场①。途中他迷失了方向，称自己不认识这个地方，却对它有一种奇怪的感觉，这种奇怪使他感到不安。他在工作地点所感受到的东西向一个他已经无法识别的意象提供给养。他在这个场所中自我感觉奇怪是因为没有了过去的他活在一个时时刻刻都焕然一新的世界。

感受到一个没有过去的世界而引起的体会要通过语言行为才能表达，由此我们可以学着描述这些语言行为：眼神游移、眉头紧锁、茫然发呆。这位园丁在回答问题的时候反应时间很长，语调平直没有旋律。这种语言行为给其自我感觉提供了线索：随着逆行性遗忘症的好转，主

① A. BADDELEY, *La Mémoire humaine. Théorie et pratique*, Presses universitaires de Grenoble, 1993, p. 443.

体逐渐找回自己的过去，他的话语会再度变得流畅、坚定、生动和富有乐感。没有过去，他的语言行为所表达的只是茫然。而一旦记起了自己的故事，伤者就会表现出多样的情绪。

遗忘症患者在找回记忆后对我们说，没有记忆的时候，他们的思想是混乱的，他们对世界的感知也是没有含义的。那位园丁可以清楚地看到高尔夫球手，但是觉得他们的行为很荒谬，像是与环境相适应却毫无意义。要想有意象，就要整合时间，一切事件都要有时间定位才会被正确感知。事件也是通过同过去的情况进行对比才能获得含义。

要想理解电影的结局，就要记得它的开端。我们知道主人公因成为丁香门站地铁轧票员而感到骄傲，因为我们记得他刚逃出了土伦的苦役监狱。相反，我们也可以理解他因成为丁香门站地铁轧票员而感到羞愧，因为我们记得他曾是流体公司的主管。我们要根据我们自身整合时间，即通过追忆过去赋予现在以含义的能力，唯有如此才能决定是给这位轧票员以自豪感还是羞愧感。我们要想站在他人的位置上，与之产生情感同化，就必须要在了解他从哪里来的基础上，理解当前的处境对他有什么意义。

然而，这种记忆的神经基础是在连接负责预判的前额叶和负责情绪和记忆的脑边缘系统的脑回路中组织的。头颅损伤引发少量出血，会导致这一区域的损坏。一些情况，如父母的不小心或是政治决定，虽根源不同，但都能通过剥夺感官体验而损害这一区域的运作，在器质上使人无法为所感知事物赋予含义。不过，家庭和社会环境的变坏同样也能通过对故事的抑制在文化上使人无法赋予事物以含义。

脑叶切开术和失语症为器质性无能提供了诸多例证，而文化束缚则是由羞耻和秘密导致的。

当交通事故导致前额叶少量积血时，血液会将神经连接撕碎，有时会导致脑叶的完全断裂。一个世纪以来，人们都在描述前额对人格的影响。人们惊奇地发现，只需一秒钟，一个人就可以改变行为，因为脑叶断裂让他不再能预判，不再能想象世界的变化。有记载的第一位脑叶断裂患者菲尼亚斯·盖奇是一名有条理和细致的工人，直到有一天，一根铁棍穿过了他的眼睛，切断了他的两片前额叶①。从这一刻起，他便患上了欣快症，因为他不再害怕未来了。但与此同时，他也变得不稳定，因为无法做规划的他不再能对当下的刺激作出回应。

这种无法想象未来的神经性无能会导致语言行为和句子结构的极端变化②。与健谈者喜欢到他人身边参与活动、体验情绪和分享所思所想不同，脑叶断裂者不会主动与人接触，因为他无法预判。有人跟他讲话时，他能以简短、不露感情和单音节的句子正确回应。他的短句既没有逗号，也没有关系连词。要想在一个需要换气或关系代词的长句子中标记时间，需要知道自己接下来要说什么。而因为无法想象时间，脑叶断裂者连语法时态也用不上了，简短回答即可。

他的话语的背景，或准确地说，他话语的上下文中③手势和面部表情之少，令人惊讶。因为他没有影响他人的意图，用于强化的表情和用于强调的手势也就没有存在的理由了。情感同化的缺失让他完全不在乎社会评判，这也是为什么脑叶断裂者有时会当众小便。这并非括约肌功能障碍导致的，亦非反社会行为。他只是对自己的生理需求作出回应。他没有预判，想象不到自己几秒后会在他人的意识里造成什么感觉，只能对膀胱过满的刺激作出相应举动。

---

① A. -R. DAMASIO, *L'Erreur de Descartes. La Raison des émotions*, Paris, Odile Jacob, 1995, «Poches Odile Jacob», 2000.

② B. CYRULNIK, «La Transmission de pensée ou le comment de la parole», *in* S. SANTI, I. GUAÏTELLA, C. CAVÉ, G. KONOPCZYNSKI (eds), *Oralité et gestualité, communication multimodale, interaction*, Paris, L'Harmattan, 1998.

③ J. COSNIER, *Le Retour de Psyché, Critique des nouveaux fondements de la psychologie*, Paris, Desclée de Brouwer, 1998.

他是呆滞的，因为他没有意图，但他并不迟钝，因为他会对他人的冲撞作出猛烈的回应。他的生活环境要是喧闹不安，他便会抓狂，边跑边喊："急死我了……急死我了。"等环境安静下来，他也能平静下来，坐到一边一言不发。从他人的目光中解放出来的他只服从于当下。

他不再能感受到话语的情绪作用。当找不到一个词的时候，我们会感到令人不快的紧张："在水上……用来过河的。"找不到词会让我们紧张，并强迫我们用话语或动作迂回。只要我们还没有找到合适的迂回说法，就会轻轻敲桌子或口中发出不快的声音："嗯，嗯。"这些自我刺激的小举动代表了我们内心的紧张。等到要找的词语突然被找到——"是桥"，把它简单地念出来就能让我们恢复平静。这很令人惊讶，可以说是神奇，因为一个词语就对身体造成了影响。如果我们承认我们的句子和故事会给他人和我们自己一种身份前后一致的感觉，因此也是用于影响外部世界的清楚的行为规则，这一神奇之处就不难理解了。既不活在过去也不活在未来的人服从于当下。他通过对环境的感知去解决问题。所以他是有思想的，但他的意象世界是临近的：没有对未来的虚构，没有过去的故事，不用通过制造意象去改变他人的意象，所以不需要讲故事。

脑叶断裂者要是有一个词想不起来，他就会停止讲话，静止不动，没有恼火的反应也不会去找别的词。要是给他讲《小红帽》的故事，他能听得出来，因为他的记忆没有障碍。要是我们有意地在当中夹杂不合理的内容，他会立即发现，因为他不傻。可是如果我们要他把这个他了然于心的故事接着讲下去，他讲一两句便会停下来。

这种损害了想象未来时间所依赖的神经基础的自然实验，让一切故事变得不可能。这可以让我们明白，有关我们过去的故事其实是一种预判，是到我们的记忆中寻找若干回忆用以组织故事的意图。

这也告诉我们记忆具有多么强的意向性，它是一种面向自己和他人的创作，是对由他人对我们造成的情绪浸染过的画面和词语进行的编排。反过来，我们把这个故事讲给他人，以便按我们所希望的那样改变他们的意象。

解脱了他人束缚的我们是当下的囚徒。受他人浸染的我们才能通过话语影响他们，并通过使他们感动而让我们的话语反过来浸染我们。从这个意义上讲，所有故事创作都是合作。

蝴蝶效应加上叙事身份，让我们不得不讲故事

当话语将讲话者们的内心世界交织在一起的时候，便形成了一种“思想传递”。在词语代表内心画面的悬浮世界里，话语具有“蝴蝶效应”：仅仅是为讲话做准备就会减轻我们对自己身体的感觉。因此不应再将语言与生物学对立，因为大学教给我们的这种对立源自过分的分割。我们要指出语言与身体的关系就如同蝴蝶与毛虫的关系。它们生活在不同的世界里，一个在天上飞，一个黏在叶子上。然而两者之间是有连续性的！没有毛虫，何来蝴蝶？幼虫向成虫的变身经由一个惊人的过程。同样地，我们的儿童在会讲话以前生活在一个前语言世界，他们用二十个月的时间慢慢地准备着语言变身①。幼儿早在掌握语言以前就能听懂一些词汇②。而一旦学会使用词汇，他们对身体的使用也随即发生转变，连他们对身体的感觉也都不一样了。

当因找不到词语而紧张的时候，我们通过寻找替代词、代用语或借由指示性和说明性动作的迂回让自己平静。这种不适的行为表现可以在带有轻度自我攻击的自指动作的增多中识别出来，也可以在将这种内心

① M. SOULÉ, B. CYRULNIK, *L'Intelligence avant la parole*, Paris, ESF, 1998.

② B. de BOYSSON-BARDIES, *Comment la parole vient aux enfants*, Paris, Odile Jacob, 1996.

紧张表露出来的面部表情、元音化和姿势中识别出来。找不到词的时候，我们的情绪备受折磨。所以当我们找不到词的时候，就会通过使用早期的手段来获得平静。

然而，神经临床向我们提供了两个主体失语几个小时的情况。等到主体又能再度讲话，几个小时前还觉得自己如铅块般沉重，现在却惊奇地感觉自己像蝴蝶一样轻盈。

一位五十八岁、长期受偏头疼困扰的女士到超市买东西。当要买油和糖的时候，她全身感到一种莫名的沉重感。在内心世界，她听到“油油油”，但是这个能指却不再指代“一瓶油”。她无声地告诉自己，或者说是发现：“我又偏头疼了，我得吃阿司匹林。”① 她想向女服务员询问餐饮店的位置，但是惊讶地听到自己说：“呢呢呢……喝嗯。”通过手势，她知道了方向，但是服务员所说的话对她来说只是奇怪的声音。几分钟后，当偏头疼影响到眼睛的时候，这位女病人开始感觉整个身体疼痛和疲劳，但也轻松了不少，因为她又能说话了。

M 先生正在写作，突然他的书写奇怪地变慢，好像他的手不听使唤了。他想给妻子打电话，但是无法拨号码。他便拖着沉重的身体走向他十七岁儿子的房间，让儿子帮忙打电话给妻子。可是他只说出了一句“打妈”。他明白，这样讲话会给儿子的精神世界带来奇怪的感觉，所以他拍着儿子的后背，想要让他放心，但嘴里还是说着“打妈，打妈”，这无疑加重了少年的担忧。

八个小时后，M 先生又能再度讲话，他向我们讲述了失语期间他所经历的奇异精神世界。失去口头语言后，他还能在脑海中将画面衔接起来……就像在看无声电影。由于有画面，他的内心世界依然是有含

① D. LAPLANE, *La Pensée d'outre-mots*, Chilly-Mazarin, Les Empêcheurs de penser en rond, 1997.

义的。

不能说话并不影响他的情感同化能力，而讲话完全没有问题的脑叶断裂者全然不在乎自己的样子会给别人带来什么印象。因此，并不是语言或肢体符号的使用让我们进入他人的世界，而是神经系统感知时间、以语言或影像故事的形式表现时间的能力。不过，讲话的能力足以影响我们感知身体的方式。

我的一位精神分析师朋友在因脑栓塞而失语的几小时里，他突然发现，话语的首要功能就是缔结情感关系："讲话的人只喜爱讲话的人。"① 在几秒钟内，他惊讶地发现，不能讲话的他又重新对环境的刺激产生感觉。他明白，医生们是在谈论他，而不是在对他讲话。这样一来，当教授坐到床上对病人讲两句话的时候，这些话绝不是白讲，因为尽管病人已听不懂这些话，但他知道这些话是对他说的。这个举动向他传递了一种善意，因而令他感动。等教授走了以后，病人就待在医生在床单上压出的痕迹旁边一动也不动了。失去了讲话能力的病人能感知到极微小的感官迹象，甚至不可自拔：他已无法摆脱这些迹象了。

讲话的能力足以让人感觉自己在空间里扩张，在时间中延伸。负责语言的颞骨区的血液流通一旦恢复，病人便可以再度讲话。而一旦有了想象可扩张和可延伸的语言能力，他的自我感觉就会改变，甚至让他感到一种轻盈。这种感觉并非因为麻痹的消失，因为逐渐遗忘掉词语的老年人也会改变行为，产生新的自我感觉。而且，找不到词语的成年人并不一定处于麻痹状态，但他们感到身体沉重和紧张："……我的全身都紧绷着想要说话……很沉重……但找不到……焦虑在上升。"②

① S. ZLATINE, «Praxis de l'aphasie: au moment de répondre», *Ornicar*, n° 33, avril-juin 1985, p. 65–68.

② S. ZLATINE, *ibid*.

我们询问过的所有重新找回话语的失语者都会用“沉重”“禁锢”来形容自己的感受：“话都到嘴边了。我只能对自己说：‘我的确是无法再说话了。’……电话响了，我接起电话，但令我吃惊的是，一个字也蹦不出来……我感觉像是与世隔绝了一样。”①

失去语言会改变对世界的想象。失去了远方的病人重新受到周遭的影响。自我感觉变得以身体为中心，与感官环境紧紧相连：“不能说话，我的身体又变成了肉。”② 那位失语的精神分析师也惊讶于自己在不能说话的几个小时里做梦能力的上升。不再存在于话语意象的世界，他变得白天服从于感官刺激，夜里服从于他记忆中被梦这个大脑警报重新激活的印象。

讲话越少，我们就越能感受到周围环境的分量。相反，一旦能讲话，我们就能感受到词语所代表的事物。这就要做一个选择了：服从于环境植入我们的印象，还是服从于由我们的意象引发的感觉呢？

能再度讲话后，也就出现了相反的经历。得过失语症的人会提到一种特别的自我感觉，“空虚且轻盈”。他们用词语勾勒出形象的比喻：“云朵……穿过天际……踩上风火轮……骑在鸟背上，翅膀一扇，我闭上眼睛。啊，一个个的小黑点转眼就看不见了。”③

语言的蝴蝶效应不是一个无用的词。但除了因身体问题无法讲话而造成的沉重感，还有与身边人讲话时的情感困难。

至于通过抑制伤者的证词来保证官方宣言一致性的社会言论，它也会使人感到心情沉重，让人无法表达自己。面对这种强制的沉默，伤者

---

① Y. JOANETTE, D. LAFOND, A. R. LECOURS, « L'aphasie de l'aphasique » *in* J. PONZIO, D. LAFOND, R. DEGIOVANNI, Y. JOANETTE, *L'Aphasique*, Québec, Édisem, Paris, Maloine, 1991, p. 23.

② S. ZLATINE, *op. cit.*

③ *Ibid.*

以人格分裂来适应：将一部分人格截去，使个体没有遭受伤害的那一部分以社会所接受的方式讲话。

"我小的时候总是有什么说什么……但基本上结果都是挨巴掌！"[①]勒内·夏尔被强制闭嘴的时候，还是找到了表达自我的方法。这种强制的分裂在他心中生成了两个心理世界，如同两场讨论会：一边是展现美丽和为人看重的自我形象的外在，另一边是比较阴沉且痛苦的内在。这两个世界并非一刀切，彼此不相连的，否则这位诗人就会分裂，前后不一致。这两个世界之间有着奇特的沟通渠道，其组织核心就是秘密。

外在负责适应家庭感情、制度约束和社会神话，而内在知道这些条条框框将会通往哪里。

秘密是一种内心提纲，有着强大的情感力量。
思想通过物理上的准-话语来传递

德拉克罗瓦根据自己在摩洛哥的旅行画了大量小幅水彩画，画布上面只有简单的素描和少量的着色。画得太细会因分散注意力而降低回忆的力量；相反，只画出基本要素，去除一切不必要的干扰可以强化色彩分明和异域风情的印象。用符号勾勒就是这样，以几个动作、声音或图像来展现一个不在场的对象，其效果往往比亲眼看着这个对象更加强烈。心理受过伤害的人，人们若是不给他们把伤害他们的事件细节和给他们造成的情绪讲出来的机会，受伤的情景便会每晚在他们眼前浮现。然而与人们所说的不同的是，他们不会把伤害过程重新体验一遍。回想不会让他们再次体验到受伤时的感觉。每当伤者脱离当下现实的牵绊，悲剧便会以提纲的形式返回他的内心舞台。画面再次浮现，话语也以一

① R. CHAR, *Dans l'atelier des poètes*, Paris, Gallimard, coll. «Quarto», 1996, p. 23.

种简单却清晰的方式在耳畔大声回响。简单的线条使被重温的创伤力量变得更强①。伤者在记忆中将惨剧的画面重新放给自己看，回忆越精练，其力量就越大。

有秘密的人的处境也是一样的。在他向他人展示的外部形象中常常带有一种病态的客气，他将这种客气与其内心的坑道②连在一起：在那里，每晚都上演着被简单勾勒出的惨剧。当个人记忆与公共记忆无法相连的时候，我们的故事中有很大一部分便无法讲述。给人以身份上的稳定和前后一致之感的个人故事便分成了为社会看中的明显部分和耻辱的、不可告人的阴暗部分。没讲出的话的蝴蝶效应便导致了一种奇怪的飞翔：蝴蝶轻轻飞起，紧接着便突然不停打转。同样地，心理受伤之人会愉快地讲话，紧接着突然语无伦次。

这个比喻告诉我们，一切秘密都给人以可见之处。秘密一词的词源中就含有对有秘密之人的行为的描述方式："秘密（secret）=将不体面之物分泌（sécréter）、排除（excréter），通过筛选、过滤，把好的部分给人看，把无法示人的部分留给自己。"几千年来，所有参与调节这个词的讲话人都想到了秘密的保护作用。用沉默来保护儿童的灵魂要好过用那些声称要保护他的解释说明。闭上嘴巴就可以关闭自己、筑就心防。尤其是，当儿童知道只要自己愿意就可以保守一个秘密的时候，他们会感到强烈的安全感和自我力量。然而，当一段受伤的过去无法讲出，因为强烈的情绪让人无法叙述，我们便会听到话语的中断、声音的颤抖、话题的转变或是突然的沉默，这都显示了因不得不闭嘴而导致的障碍。在一段过于清楚的话语中突然指向谜团、把人引向秘密的，正是这种语言空白、这种行为上的结巴。因为一切秘密都让不能说的话进入

---

① R. C. SCHANK, *Dynamic Memory: A Theory of Learning in Computers and People*, Cambridge University Press, 1982.

② N. ABRAHAM, M. TOROK, *L'Écorce et le Noyau*, Paris, Flammarion, 1987.

到一种准-话语的状态。

受害者是不合时宜的，因为他们搅扰了我们的晚会，所以他们要闭嘴。可是当他们完全闭嘴的时候，迟钝的样子更叫人扫兴，所以他们得讲话。可是他们不能什么都说，所以他们只能准-言说，因为秘密使他们的语言变得奇怪。

事实上，这相当于将谜团置于聚光灯下。寻常之事，一旦被某种行为凸显出来，披上谜之外衣，也就不寻常了。“真奇怪啊，每当电视上有人说出‘乱伦’这个词，我母亲就会紧张并离开房间。等她再回来，她还要骂我说我坐姿不端正。”对我讲这些话的年轻女人不知道我认识她母亲，更不知道她母亲告诉过我，自己曾与重病中的父亲有过乱伦关系。她跟我说：“我永远也不会说，我母亲会受不了的。”她也的确从没有说过，只是已经将这件事准-言说出来了。她不寻常的举止已经指出了这如同奇异引子一般的谜团之所在。

物件也会变得神秘兮兮。有秘密之人使用这些物件时，只有他清楚其含义。他赋予物件的含义改变了被周围人捕捉到的情绪，尽管他们不理解情绪改变的原因。这也是为什么，一本相册成了不祥之物，而一张破烂的沙发能成为反排犹主义的斗士。

M 夫妇结婚时就知道他们两个永远也不会有性生活。但是他们太想要一个孩子了，所以打算领养一个“刚离母胎”的婴儿，并且永远不告诉孩子身世。快八岁的时候，小女孩变得叫人疲于应付，引起她突然的强烈不满的总是同一个场景，即每当她拿起相册，习惯性地问那些与自己身世有关的问题的时候：“这是谁?”“这是贝尔特表姐。”“这是谁?”“这是加斯东爷爷。”父母因为怕泄密而感到浑身不自在，他们拙劣的回答总会让孩子发火。几年以后，每当小女孩想要找父母茬的时候，她就拿起相册，而相册的提纲效应总能让早已习以为常的场景重现。只需在母亲眼皮底下去碰相册就可以引起争吵，这叫所有人都一致认为这本相册拥有不祥的魔力。这本相册的确不祥，因为它指向父母的秘密和耻辱。可见之相册成了隐藏故事的载体。它表明了疑点的存在、身世问题上的漏洞，让整个家庭濒临破碎。倘若家庭关系更轻松一点，同一个物件的含义便会不同。它依旧具有魔力，但会让一家人其乐融融。当我们不用词语讲话的时候，物件就会变成语言。

D 女士就是这样让她的沙发讲话的。整个童年期间，D 女士跟母亲从没有过温馨的言语交流。她母亲为人刻板、语言粗暴，是一个排犹教派里的积极分子。还好，她的外祖母经常叫她去喝杯热巧克力，跟她在一张老沙发上闲聊。快二十岁的时候，已经成为一名年轻的社会福利员的她结识了一名学法律的学生，她觉得这个人还不错，但仅此而已。可是当这名未来律师向她求婚，告诉她“我是犹太人”的时候，她毫不犹豫地同意了，“就为了气我妈”。母亲自然拒绝参加她的婚礼，外祖母心疼她，说“她不去我去”。但是在婚礼前两天，外祖母去世了。分遗产的时候，D 女士要了不会有人跟她争的旧沙发。三十年后，她那早已成为有钱律师的丈夫感到奇怪，为什么妻子在那么多名贵家具中间留着这样一张破烂的沙发。没有人知道，对她来说，这张沙发“意味着”母亲已被她排除到情感谱系以外，而外祖母还在时不时借这张沙发守望自己[①]。

或许没有秘密的家庭是不存在的？或许大量有含义的物件使我们的房子里充斥着台面话，只留几个小玩意在那里低声讲述无法言说的故事？但是，与招摇于人前的物件相比，窃窃私语的物件更能引人注意。

吉塞勒加入到波尔多的抵抗运动时只有十五岁。大人告诉她不要去看盖世太保张贴的告示，因为要是显露出自己的关注点，就有可能被跟踪。大人还教她如何使用手枪。一次，在村镇的广场上，四下无人注

---

① P. NIEMETZKY, C. FRANÇOIS, B. CYRULNIK, « Le secret sécrète, ou l'éclairage éthologique du secret » , *Synapse*, n° 120, novembre 1995, p. 27–30.

意，这个勇敢的女孩走到盖世太保地区负责人身边并开枪击毙了他。第二天，三十名人质被枪决。解放后，每当经过这个村镇，她都在想："这个孩子成了孤儿……因为我……这个女人生活窘迫……因为我……这个企业破产……因为我。"她不断以自我惩罚性的行为替自己赎罪，对外却只字不提。五十年间，她的五个孩子从没有问过她摆在书架当中，谁来都能看到的铁匣子里装着的一卷油乎乎的奇怪破布是何含义。十五岁的孙子在发现了里面装着一把手枪后，向她询问其中原委，她才给他讲了这把枪的故事。她把枪放在那里用来提醒自己，但别人都没有看到。战争既已结束，又何必重提。没有必要把过去的事再翻出来，不是吗？所以她总是一个人回想当时的情景，用来偷偷惩罚自己。事后她惊讶地发现，仅仅是对孙子讲了这段故事就让自己获得了极大的平静。她感觉自己人生经历中的一个窟窿被堵上了，自己重新变得完整、前后一致，如同把自己分裂的两块人格又重新缝合上了一样。

我们保守秘密就会让物件讲话，但是周围人总有办法充耳不闻。阿伊莎感到非常困惑，因为她对自己的父亲几乎一无所知："这个家里好像没有他这个人一样。我不知道他出生在哪里，他从来也不说。"直到有一天，她在儿时房间的一个抽屉里发现了一沓照片和一个户口本。"这些东西我都碰过，但是我仅仅是拿着而已，并没有去看。如果母亲爱我多一些，我很可能就会看过这些照片，也会询问我的身世。"

言说有困难时，准-话语便会成为表达途径，但是旁观者视而不见、听而不闻。他们本可以明白一切，但就是没有参与的意愿。妮基·德·桑法勒从没有真正隐藏她的"重大秘密"①，相反，她给自己起的艺名就是用来示意这个秘密的。在这个隐藏着秘密的名字中，被隐藏的东西昭然若揭。这个名字所类-言说的是她一段地狱般的经历："《毒蛇之夏》

① «L'enfance mutilée de Niki de Saint Phalle», *Elle*, 7 mars 1994.

讲的是那个夏天，我的父亲，这个银行家、贵族，把阴茎放进了我的嘴里……我是死亡线上逃回来的人，我要让体内那个小女孩最终有讲话的权利”……可那已是五十年之后了！

被乔装打扮的秘密不见得总是悲剧，但它依然代表一种羞耻，代表对自己的某一个部分无法接受。美丽的奥萝拉了解意大利文化中的一切，她说自己有着西西里女孩的幽暗面色，而她的名字首先让人想到的是她的出生地阿尔及利亚的奥雷斯地区。与怀念故乡的父母相反，她非常憎恶那里。她的名字展示了她想要隐藏的东西，但也在不影响她对家人的爱的前提下让她否认自己的出身，以便更好地融入西方文化。这种常见的自我防护有立竿见影的好处：“我与侵害我的社会相适应。”但也留下了一颗定时炸弹，一个虚假的自我：“我努力做的不是自己。”

当秘密被掩饰，它还是会留下障碍让关系变坏。
而当秘密被揭示，它要求的改变却叫人难以承受

当秘密被掩饰，它留下的障碍会损害这个人和他身边的人。而当秘密被揭示，它要求做出的改变并非秘密承载者身边的人总能够适应的。

存在一种奇怪的刻板印象，那就是有秘密的人的孩子经常表现出奇怪的行为：他们从不会问问题。这种克制很难被观察到，因为它属于一种行为缺失。但这并不妨碍矜持的孩子令周围人感到惊讶。因此，每个家庭特有的关系氛围可以由一个我们可以观察的行为类型来解释。这很奇怪，因为一个由塑造方式截然不同的成员组成的家庭会具有统一的风格。

我们可以设想，儿童感受到父母的行为异常，因而闭上嘴巴。“爸爸是个愉快的人，也努力工作。但是每次有人提到亚美尼亚，他就会僵住不动。”因乱伦而生的孩子若是从不去问有关父亲的问题，无声就会

指出问题所在，问题便由沉默提出。这种“隐秘的行为”① 正是有秘密的家庭的关系风格，在这种家庭中，父母和孩子都有古怪的行为并代代相传。

保罗先生的小儿子作为医学实验的对象死在了奥斯威辛。战后，这位受伤的父亲用慈爱养育了他其他的孩子。这些孩子猜到了父亲灵魂里有一块地方伤痛万分，因此从不提起。对于战争期间所发生的事，所有人都只字不提。成了祖父以后，乐于照看孙子的保罗把全部的爱都给了这孩子。孙子三岁生日的那天，保罗送给了他一个精致的娃娃，而孙子不假思索地就给娃娃起了与保罗小儿子一样的名字！保罗因惊愕而表现出的行为感动了孩子，在他的脑海里植入了一种奇怪的感觉，让小孩一看到娃娃就想到这种感觉：“我非常爱我的祖父，因此能感受到他的所有情绪，他做的一切都能影响我。面对这个娃娃，他表现出的奇怪举止触动了我。那么这个娃娃有什么含义吗?”仅仅通过由行为事件引发的一个情绪，保罗先生的悲剧便浸染了毛绒玩具。思想的传递不是在以太中进行的。正相反，1944 年经历的一次剧痛是在物质上、感官上直接地将一种奇特之处浸染给 1974 年送给孩子的玩具的②。乔治·蒂斯龙解释道：“因此有的时候，一个重大的家族秘密会藏于一个日常物件之中［…］用以纪念难以言说的旧事［…］不小心损坏了这样一个物件会让后代中的某些人产生严重的障碍［…］甚至导致［…］他们产生不明含义却不自觉受其束缚的情绪态度或举止。”③

---

① S. TISSERON, «L'héritage insu», *in Le Su et l'Insu*, Troisième rencontre CNRS-INA, Inathèque de France, mars 1995.

② 关于心理继承的主要研究，参见：N. ABRAHAM, M. TOROK, *L'Écorce et le Noyau*, *op. cit.* S. TISSERON, *La Honte. Psychanalyse d'un lien social*, Paris, Dunod, 1992. C. NACHIN, *Les Fantômes de l'âme*, Paris, L'Harmattan, 1993。

③ S. TISSERON, «L'héritage insu: les secrets de famille», *in Communications-Générations et filiations*, n° 59, Seuil, p. 231 et 236.

相信有家族幽灵的人都受控于一种无声的记忆，它不以词语传播，却靠准-话语传递。认为有些家族没有幽灵的人则切断了自己的过去，服从于当下。栖身于准-话语的幽灵力量巨大，让我们不知不觉就将它们带到日常生活的物件里面。它们被我们带在行李和遗产之中，四处游荡，在事件过去许久之后还能再次现身。它们并不直接传递创伤，因为幽灵重现，虽让人重新经历一段过去的故事，但是在新的环境下，这个故事的含义已经不同，所引发的情绪也不再相同。但是它们传递的障碍或不适有可能对后代造成损害。它们也可能会留下一个疑问或谜团，让后来人去挖掘，去享受一种知情者的诗意：差点死掉的人会把生活当中的一点点小事都看作奇迹。差点失去所爱之人的人会对对方简单的在场产生敏锐的感受，不管此前他对对方的存在多么习以为常。要不怎么说没家的孩子四处找呢。

与所有继承了家族幽灵的人一样，分散在世界各地的亚美尼亚人"都要面对刽子手罪恶的双重体现：残杀和对残杀的否认"①。一个星期内，一百万人死于白刃。幽灵说："我不仅应该死掉，还得宣称自己没有死，说自己夸大其词了！"当一个儿童在记忆中听到幽灵如是说，他就要与一个分崩离析的家族谱系建立身份认同。"怎么，我的父母为了一点小事、一个微不足道的运动就逃离了亚美尼亚，现在要我与这些胆小鬼混为一谈，成为他们家族的一分子！"

否定主义者说："你的父母夸大其词了，仅仅死了八十万人或五十万人而已，况且他们还是死于寒冷或斑疹伤寒的。军队和当时被释放的囚犯只屠杀了十万人；另外，你的父母还有可能与俄军勾结。"以这种方式讲话的否定主义者便将自己与之视为同一的祖先所犯下的罪行相对

① J. ALTOUNIAN, *Ouvrez-moi seulement les chemins de l'Arménie. Un génocide aux déserts de l'inconscient*, Paris, Les Belles Lettres, 1990.

化了。“他们都是老实人，没做过什么伤天害理的事，仅仅犯了一点小错，与‘智人’十万年的历史相比不算什么。”然而通过将罪恶一般化，否定主义者显露出了与凶手建立的身份认同，他要维护这些人的形象，却因此揭露出自己想要继续其事业的意图。

今天的亚美尼亚人拒绝家族体系的瓦解。他们展现出了典型的三代人发展过程：“第一代人在大屠杀中逃生，还进行了一定的适应工作……第二代人在不懈的努力和积累的金钱里获益……还产出了一大批被同化的人……第三代正在……追根溯源。”①

幽灵之战已经打响。否定主义者们的幽灵从双手沾满鲜血的先祖那里拿来同样的论据、同样的例子、同样的表达方式，而受迫害者的后代们正在搜寻幽灵，让他们了解祖先的故事。

当幽灵开战，还想要置对方于死地，
它们的孩子会更加受创伤意象之苦

秘密周围的环境总是动荡的：“发生了什么？哪来的怪事？我的父亲为什么沉默不语？我的母亲为什么双目低垂？这个物件何以不寻常？我的父母跟别人不一样，他们经历过特别的事，如同超人……抑或下等人。”人们可以轻易地从一种情绪过渡到另一种，全凭变幻无常的心情。但是总体上，子女对父母遭受过虐待、对他们战胜了考验这件事是感到骄傲的：集中营受害者的子女中69%崇拜自己的父母并想要了解他们的故事②。但是也有10%持怀疑态度，认为父亲之所以幸存下来，一定是

---

① P. VIDAL-NAQUET, Préface *in* D. G. CHALIAN, *Tribunal permanent des peuples. Le Génocide des Arméniens*, Paris, Flammarion, 1984.

② N. HEFTER, *Si tu t'en sors… Auschwitz 1944－1945*, Paris, La Découverte, 1992.

因为他与凶手勾结①。与被打败的父母建立身份认同会使主体自我贬低或想要复仇。然而不与他们建立身份认同又是背叛，使主体羞愧并产生负罪感。为了战胜面对身边人遭受的苦难时感到的这种不适，有受伤经历父母的子女通常采用的方式是强化自己的意象。因为他们无须忍受直面创伤之苦，而只是收到了创伤留下的奇怪迹象，所以他们的痛苦或抵抗是在意象中发展的。父母受了打击，孩子要战胜的是他们对父母受打击这件事的想法。

父母与孩子应对痛苦的方式截然不同。父母受到的是实实在在的打击，他们要用众多代价高昂的自我防御机制去减轻痛苦。而孩子要面对的是一个意象，它被简化成为提纲和符号，能引发更为强烈的情绪。面对这些情绪，孩子们的防御能力不足。

我们所掌握的生物学和心理学工具②足以让我们确信，受创伤者身边的人因为分享着他的情绪、感受他的痛苦，而常常比受创伤者本人受到的损害更大。

三种剂量测定：皮质醇、皮质激素受体和促肾上腺皮质激素释放因子的分泌，都显示受创伤者的孩子患有慢性抑郁症。他们在发展过程中长时间浸泡在焦虑里，这种氛围不断刺激他们的情绪，最终会使他们精疲力竭。大脑中的受体会对一切刺激过度敏感这一现象告诉我们，主体可以将平凡琐事感受为切实的侵害。至于促肾上腺皮质激素释放因子的分泌，即大脑中刺激肾上腺皮质的荷尔蒙和压力荷尔蒙，在这类孩子体内的量值比参考人群的高四倍。

这一惊人发现的悖论在于，受创伤者在生物学上更有能力应对压

---

① 证词，«Sommes-nous les enfants d'Auschwitz ?» Commission centrale de l'enfance，Paris，La Sorbonne，7 juin 1998。

② R. DE BEAUREPAIRE，«Les mémoires traumatiques de Rachel Yehuda»，*Dépression*，n° 10，janvier/février 1998.

力，就如同长期训练的运动冠军能应付各种比赛一样。情绪对创伤的适应不是临时的防御反应，而是后天习得的生物反应模式，“是创伤性事件留下的抹不去的印记”①。受侵害之后所发生的变化是生物性的，伤者从此有了一种感受世界、回应世界的方式。童年期遭受伤害，他就像运动冠军一样获得了一种反应模式。而由于这是留在生物记忆中的烙印和痕迹，他便会对某一类事件超级敏感。哪怕在四十年之后再遇到这类事件，这位超人也会在一点点考验面前崩溃，因为这让他想起了当初那次重大的侵害。

至于受创伤者身边的人，他依恋于一个易受伤的“冠军”，这个人释放着一种情绪热度，能浸染一切爱他之人。伤者身边的人接收到的是没有面孔的压力，是来自他所爱之人的无形的侵害。他总是感觉疲惫不堪，却不知道为什么。他总是有些焦虑，像是处于戒备状态，却毫无原因。他不知道自己防御的是什么，因为他感觉痛苦来自他自身，而绝不会是来自爱他的人。这种痛苦的传递只能在两个相互依恋、彼此可以情感同化的人之间。如果孩子不注意来自母亲的信息，他的自我防护就要比那种过于依恋母亲、能感知母亲的任何情绪迹象的孩子要好。

越南战争期间，几千名同卵双胞胎被送去参战。双胞胎之间生物上、行为上和情绪上的接近带给他们的情感风格很容易从一个人传到另一个人身上。他们说：“我们完全了解彼此的想法。”这种强烈的情感同化的结果是，没有经历创伤事件的那一个要比直接面对创伤事件的那一个的痛苦多更多。同样，大屠杀幸存者子女的创伤后综合征要比他们直接经历了大屠杀的父母强三倍②。

---

① R. DE BEAUREPAIRE, «Les mémoires traumatiques de Rachel Yehuda», *Dépression*, n° 10, janvier/février 1998.

② R. YEHUDA, «Low urinary cortisol excretion in holocaust survivors with post traumatic stress disorder», *American Journal of Psychiatry*, n° 152, 1995, p. 982-986.

器质障碍的心理传递并不难解释。受创伤的父母是通过代价高昂却有效的防御机制去适应创伤的，如人格分裂、否认记忆、幻想理解、斗争活动、利他主义都是最为典型的机制。伤者的这些防御为他组织起了人际关系的风格，其中有发怒、有欢乐、有不安的爱、有疯狂但必要的幻想或是利他性的斗争。伤者身边的人分享着这一切，却不明白自己亲近之人为什么发怒、为什么沉默、为什么爱得绝望，又为什么总是劳累过度。他接收到了障碍，却不清楚障碍的原因。伤者面对的是现实，而其身边人的斗争对象是个幽灵。“传递的基础不是内容，而首先是传递行为本身。”① 要想扰乱爱我们的人，又何须讲话？创伤事件的痕迹居于伤者心理，就如同一个沉重的地穴不断损害着他的行为和情绪，有时还会导致其大脑中负责情绪和记忆的深度区域产生萎缩②，而这种萎缩又会损害与他关系密切的人。

分享自己的不幸，无异于叫身边人替自己战斗

当儿童在这样一种情绪环境中成长时，他一定会留下父母因秘密历史而变得障碍、逃避的行为印记。他将这些行为整合进自己的心理，甚至是整合进自己的机体当中，而不怎么会进行防御，因为父母在他眼里并非侵犯者。他总是会接收到被他最爱之人乔装打扮了的神秘迹象。

既然秘密令伤者及爱他的人产生障碍，符合逻辑的说法是，只要把秘密揭示出来，所有人就都好了。但是世界的运转不是靠情理，而且一些人的道理在另一些人看起来可能是愚蠢的。当讲话者讲述其悲剧故事

---

① P. LEGENDRE, *L'Inestimable Objet de la transmission*, Paris, Fayard, 1985.

② J. D. BREMMER, «MRN: based measurement of hippocampal volume in patients with combat-related post-traumatic stress disorder», *American Journal of Psychiatry*, n° 152, 1995, p. 973–981.

时，使他产生障碍的最大因素不是对伤痛的回忆，而是听者的反应。当一名柬埔寨集中营的幸存少年说出他是从何等难以想象的暴行中活下来的时候，他看到朋友脸上露出了厌恶的表情，但嘴上却在说："我很敬佩你战胜了这一切。"

分享自己的不幸就是损害我们身边的人。亚历山大·索尔仁尼琴说："我们都不确定是否有权利把自己生命中的那些事件讲出来。"① 我们有什么权利毁掉朋友的晚会呢？我们有什么权利把自己的苦难讲给那些我们希望他们幸福的人呢？谁给我权利做死难者所受折磨的代言人的？况且，将自己的不幸大白于天下，我有可能成为那个我一直在克服的形象的奴隶。"我的母亲对自己感到如此羞愧，以至于我都不记得因为什么对自己感到羞愧了。我们从来都无法像别人一样。我们不得不做得更好。"一位在帮助囚犯的组织里做积极分子的年轻女士如此向我解释。至于她为什么做这种工作，还用得着说吗？

我们忘记了秘密的防御作用。当一名受害者讲出秘密时，他相当于脱光了衣服给别人看，而这些人有时看得津津有味，更多时候却会露出嘲笑的神情。防御一旦卸下，不幸就属于别人了。我们向他们吐露的隐情会受到这些人的评判。我们不再属于自己了。在一个想要利用我们的痛苦，使其相对化、戏剧化或成为笑话的文化当中，人们会怎样看待我们的这些痛苦呢？如果说保密就足以自保，那么说出秘密就会让自己变得容易受伤。除非提前进行了长期的自我强化，让讲话者可以说："我现在已强大到可以说出我的秘密了，那么来面对我吧！"② 这就是为什么，单纯把秘密讲出来，就需要三十至五十年的自我强化。

单纯地讲出来，这正是困难之处，因为任何一个社会都无法单纯地

① A. SOLJENITSYNE, *L'Archipel du goulag*, Paris, Seuil, 1974, p. 110.

② Entretien avec Michel del Castillo, «Dimanche en roue libre», France-Inter, 18 octobre 1998.

听。在重视个人的文明中，秘密是必要的；而“在个人不存在的文化中，秘密也没有理由存在”[1]。在所有个人都只是必须认同同一个模板的“低级共同体”，个人只有权朝着领导者指明的方向发展的人类群体中，秘密是被斗争的对象。那些主张坦白的文明也会毫不犹豫地以道德为名实施拷问。印刷术发明以后最为畅销的书籍之一是《女巫之槌》，书中系统整理了用以实现招供的酷刑办法。宗教裁判所推荐这些酷刑的目的在于让信仰统一，让所有的“低级共同体”都活在同一个故事中。以意识形态进行专制统治的政权也曾试图以不同的方法实现同样的计划。有些方法要求证件符合标准，让出身毫无疑点，以便保证血统的纯洁[2]。有的方法不让人睡觉，以便让招供清楚明白，让社会故事不被别的思想方式搅扰。这些酷刑绝不掩饰其目的，即将每个人压低进“低级共同体”的角色，让群体在对统帅这个“高级共同体”的热爱中以最好的状态运行。

逼供是对灵魂的侵犯，受害者在遭受了凶徒的伤害之后，又再次因强迫他们变回常人的社会而痛苦万分。

受虐儿童想要拯救自己的母亲，“我撞到门了”或“我从楼梯上摔下去了”都是常用的谎话。这些谎话在维护了母亲荣誉的同时，也让孩子没有那么羞耻。要是把侵犯讲出来，孩子就只能与母爱说再见了：“一切都完了！我说出了她是怎么折磨我的，她永远也不会原谅我。把母亲的暴行公之于众，我也把自己暴露在耻辱之中，成了那个有个可怕母亲的人，别人看我的方式不会再如从前了。”通常，儿童的供认被富有同情心的人诱骗出来以后，他会感到从未有过的孤单，只能听凭风吹雨打，因为面对让他打开用以自保的地穴的人的要求，他屈从了。可是公务人员下班后会回到自己家，只留孩子一个人，赤身裸体，毫无防

① G. ORWELL, *La Ferme des animaux*, 1945; Paris, Éd. Champ libre, 1981.

② H. LE BRAS, *Le Démon des origines*, La Tour d'Aigues. Éd. de l'Aube, 1998.

备。他甚至丧失了与任何人建立关系的希望，因为在他情感最为匮乏的时刻，还是会在母亲为他营造的地狱中找到瞬间的幸福，找到大卫·布里松所说的“几片天堂”。“我记得一个插曲［…］：那天我同母亲一起出门［…］我们走了一整天［…］我逗她笑，她就真的笑了。”① 这些小幸福对于维持希望来说是必要的，它们一辈子都在。而当招供只是指出凶手，把他公然揭示到思想正统者的猎奇心面前，所有平反昭雪的希望都会被毁灭。要想受害者不因招认而感到虚弱，他需要外在和内在的支持，外在的支持来自社会上和心理上的帮助，内在的支持有待他培养出力量感。

招认因改变自己在对方脑海中勾勒的形象而改变自我的感觉。当一名罪犯自觉有罪的时候，招认会让他获得安宁，因为赎罪能让他变回常人。但是当一个小孩说出本该保护自己的人反而侵害了自己的时候，他在别人的脑海里改变了他本想要爱的那些人的形象。结果孩子变成了侵害者……与令他感到羞愧的真正的侵害者一样。很多受虐儿童在挨打挨骂的那一刻是瞧不起不懂得自控的母亲的。而当他们把虐待告诉给思想正派的大人时，不管这些大人是发出厌恶的尖叫，还是津津有味地听他们的苦难故事，他们都不仅会因为没有一个正常的母亲而感到羞愧，还会自觉有罪，感觉自己也成了侵害者，同他们瞧不起的那个侵害者一样。结果招认变成了过失，孩子会因惩罚了母亲而惩罚自己。

儿童想要拯救其侵害者或维护侵害者形象的情况并不少见。这时他就会通过撒谎在对方的脑海中勾画出一个可以为社会接受的形象。他虚构一个理想的母亲、一个完美的父亲，全然脱离令他痛苦的现实。一名伤残程度超乎想象的小女孩说：“是一个邻居把我推下楼梯的。”“我的

① D. BISSON, É. DE SCHONEN, *L'Enfant derrière la porte*, Paris, Grasset, 1993, p. 53-54 et 66.

爸爸妈妈忘了把钥匙留给我了。”说这句话的小男孩的父母出去度假，故意把他留在外面，免得他弄脏了房子。这种谎话对孩子有保护作用，因为它留给别人一个理想父母的形象，也让孩子自己觉得与常人一样，有正常的父母。“我终究不是禽兽的孩子。”这种谎话表面上维护的是父母的形象，其实拯救的是孩子的形象。

揭露秘密的效果取决于听的人，也取决于有秘密的人自己对倾吐的感受

讲出让周围人感到不安的秘密是需要勇气的。B 女士结婚的前几年与自己丈夫的父亲有着情人关系。她从没有把这件事讲出来，而这个被封印的秘密严重损害了她与家人的关系。他们怪她时不时地闷闷不乐，还会莫名地发火。直到有一天，她实在不堪萦绕她的这段过去的折磨，向丈夫坦陈了一切，导致丈夫自杀。

M 女士多年忍受乱伦关系，直到有一天，为了逃避父亲，她在国外找到了一份工作。有了距离，她终于鼓起勇气向一个组织讲出了经历，该组织也立即向她伸出了援手。可以说，她对“把父亲送进监狱”是非常自豪的，但对她来说，这个胜利的代价是高昂的：“把秘密说出来后，我失去了所有的朋友。家丑不可外扬，可我让家丑变得尽人皆知。我让所有人感到尴尬，家人没有原谅我。从那以后，我就是孤家寡人了，我的人际关系彻底改变。”

卡里娜通过写书来驱散她与父亲关系的阴霾。之后她嫁给了一个体贴的男子，还生了一个孩子。她的书获得巨大成功，时不时就有人在街上拦住她，当着她已能听懂话的女儿问她：“这个孩子是你跟你父亲生的吗?”她说：“这本书令我感到窒息。自从我讲出了自己的不幸，人们就不允许我不去想它了。”

C 女士想尽办法让自己不去想起父亲。“我把事情讲给我的情人们，他们听了之后都不知所措。所以我现在选择撒谎。我认识了一个男人，他也有秘密。想到他跟我一样有苦恼，我会好受些。”当对方懂得倾听也知道保密的时候，分享秘密就比较容易承受。C 女士乐于分担新情人的苦闷，这让她觉得两个人是平等的。虽然她不知道他的秘密是什么，但自从认识了这个人，她就不再感到羞愧了，因为他的历史中也有一个痛苦的谜团。

但是当 P 先生向同事吐露自己的母亲如何勾引自己的时候，他在对方的眼神中看到了一丝嘲笑。他当即便对这个自己刚刚打开心扉的人产生了恨意：“不讲出来我难受，可是当我看到他眼神的变化，当我发现自己的羞耻让他觉得好笑，他立刻就变成了我讨厌的人。在一个知道我秘密的人的注视下，我更加难受了，我的羞耻感也更加强烈了。”

并不是把自己的不幸讲出来就能让一切好起来的。听到秘密的人的反应会给讲出秘密的人的心理蒙上一层感觉。因此，揭露秘密既可以让人感觉轻松，也可能让人备受折磨。所以有不少受害者第一次讲出自己可怕的悲剧是在电视上。与我们所想的不同，这种公开的行为绝非不顾颜面，这其实是一种内心行为：“我想同我奶奶说，她不让我说。我的邻居说我撒谎，说我的父亲是个正直的人。在电视上，我至少可以确定，总会有人懂我在讲什么。”对八百万人讲话其实只为感受到一点点亲近！

想要理解这种进退两难的处境，就要将一个暴露自身悲剧的伤者群体与一个保守秘密的相同群体进行对比。结果是清楚的：两个群体之间没有区别①！但是两个群体相同并不代表其中的个体没有因保守秘密或暴露秘密而改变。其中一些人的情况得到改善，而另一些人情况被加

---

① H. VAN CUSEGHEM, «Réflexions sur la révélation et la rétractation», *in* AFIREM, *Secret maintenu, secret dévoilé*, Paris, Karthala, 1994, p. 307–312.

重，群体总体的数据没有变化，而构成群体的每个个体都发生了变化。数字是不准确的，对于有秘密的群体，数字就更不准确了。但类似研究的结论让我们认为，“不暴露或者至少是不立即暴露秘密的儿童相较于暴露秘密的儿童表现出更少的症状”。① 这里的“不立即”很重要，因为它指出有必要考虑讲出秘密所需的时间，既考虑到伤者何时能变得足够强大，可以把秘密讲出来，又考虑到时代何时才能客观地去倾听这个秘密。内心觉得不吐不快的人之所以保持沉默，最常见的原因是社会群体让他闭嘴。怎么对自己的女儿讲呢？怎么对她讲战争中的苦难呢，尤其是四十年后，她亲口承认：“我完全不想知道，追思噩梦叫我恐惧。”② 当我们知道伤者身边的人会因为心理浸染而感受到痛苦的时候，我们是无法责怪他们进行自我保护的。而当情感上的亲近使人卸下心防，障碍则会更为严重。

父亲从集中营回来时，马蒂娜只有六岁。听这个面黄肌瘦的男人详尽地讲述那些可怕的故事，她被完全吓坏了：“他故意给我们讲这些，好让我们难受。我恨他，我不听。”

十六岁的皮埃罗参加抵抗运动时，他是唯一的幸存者，他全家人都死了。战后，他继续从事积极分子活动，还经常在家中聚集十五到三十岁的前抵抗运动成员。这些成员的孩子就在一边玩，一边耳朵里充斥着那些有关死亡、殴打、酷刑和告密的故事。三十年后，几乎所有这些孩子都患有创伤后综合征。受死亡、阴谋和不公的纠缠，他们每晚都会被不断袭来的焦虑折磨，而他们却不知焦虑的源头在哪里，因为他们所分担的侵害是所爱之人遭受的。可是两者的感受是不同的，皮埃罗和他的朋友们

---

① H. VAN CUSEGHEM, «Réflexions sur la révélation et la rétractation», *in* AFIREM, *Secret maintenu, secret dévoilé*, Paris, Karthala, 1994, p. 307–312.

② L. SALVAYRE, *La Compagnie des spectres*, Paris, POL, 1997, *Bouillon de culture*, France 2, 5 septembre 1997.

所说的那些悲剧在事后都变成了胜利，而他们的孩子们只体会到了惨剧。

战争期间，阿涅丝与母亲和两个妹妹在一起感到幸福。可是她因政治原因被关进集中营的父亲一回来，就没完没了地讲堆积如山的尸体，从尸堆里流出的液体，还说每天早晨都有他的朋友在点名的时候站着死掉。三十多年间，每有新的事件发生，阿涅丝就会恐惧地颤抖，而且她每晚都要看看床底下有没有尸堆。她有时会在房间中闻到液体的味道，便觉得自己爱的人中有人会死去。

所有这些在战争中被虐待的父亲们都建立了有效的防御机制，也成功地挺了过来；平安回来以后，通过现身说法，讲述他们在战争中所要战胜的考验，他们也与否认或分裂进行了斗争。他们感觉好多了，但是他们的子女却要不停思索，为什么父亲能战胜那么多可怕的事，而自己身处和平环境，却活得这样艰难。事实上，是父辈们毫无顾忌地讲述出来的胜利给孩子的心理留下了自我感觉贬值的印记。

不是什么都能讲的。只有精神病和变态才会想到什么就说什么，因为他们不考虑自己的言语会给对方的精神世界造成什么影响。我们能像F女士一样，对自己八岁的女儿说“死的是你姐姐，要是死的是你就好了”吗？我们能让别人理解自己想要装饰虐待过自己的那个女人的房子是为了吸引她的注意，“向她证明不爱自己是错的”吗？“我是那么憎恨他，我愿意付出一切换来他对我的爱。”① 这样一句奇怪的话，就是说了又有谁能听懂？

伤者若想不自外于己，身边人要先让他的自我强化成为可能

我讲是为了不再自外于自己，但是一旦我讲了，就在他人脑海

① M. LEMAY, *La Gestion des paradoxes*, *in* A. F. I. R. E. M., *Secret maintenu*, *secret dévoilé*, *op. cit.*, p. 414–415.

里改变了我的形象，而且我也不知道他们如何评价这个形象。我表达自己是为了给对方留下对我的印象。但是当我每晚用内心语言对自己讲我的痛苦的时候，这项工作影响的就不再是公共意象了。只有当我吐露隐情的时候，才会走进对方的法庭。我希望通过交代我的秘密，让这种隐私的分享能够改变他的意象世界和他对我的印象。他不一定要用言语来回答，他也可以沉默不语，但他沉默的方式会告诉我："我接受你，包括你的秘密。从此以后，这个秘密将你我联系在一起。"

相反，对许多人讲，向众人交代自己的悲剧与吐露秘密不同，那不再是分享，而是暴露，暴露在打击之下或作报告时的那种暴露。公开说出自己的秘密就是在选择阵营，如果有阵营可选的话。把自己的一切说出来，就是把最脆弱的自己交付他人。分享秘密是亲密行为，有利于建立关系，而公开秘密则是社会承诺。也就是说，伤者若想通过将自己从秘密中解脱出来而获得轻松感，使他的人格终于一致而不再支离，这需要满足一个条件，那就是在他实现自我表达的话语网络中，家庭和文化故事接受他的证词。

可用于支撑这个观点的社会打击并不少，只需对此进行一个稍有条理的调查①。1947 年，四百一十二名战争中受到创伤的俄国犹太人被分成了两组移民。去往以色列的那一组，他们的故事为人所接受，我的意思是，只是被"接受"，没有夸张也没有怜悯，这群人中没有出现大量的抑郁症或焦虑性障碍。另一群人在战争中的遭遇相同，但去了美国，而当时美国对待所有移民都是一种方式，就是让他们自寻生路，所以在这些人周围讲话不多、友情不多，社会帮助也不多。这

---

① M. TOUSSIGNANT, *Les Origines sociales et culturelles des troubles psychologiques*, Paris, PUF, 1992.

群人中抑郁症的比例要高很多[1]。人们发现其中老年人、鳏夫和离婚男性，即没有参与进话语网络的那些孤独者最为消沉。普通意义上的知心话的保护能力可不普通，条件是讲出秘密的人感觉放心。这就完全要依仗家庭、友情，尤其是社会环境了[2]。应特别指出的是，身边有丈夫、家人和朋友的女性患抑郁症的几率是同组人中孤独女性的十分之一，尽管她们在俄国经历的侵害是一样的。

话语效应的安定能力非常依赖听者的情感同化。通过听者的情感态度，通过他所代表的社会意象，他可以给予伤者讲出自己痛苦的可能性。安定药无疑也有让人放松的功效，但是其效果没有话语效应来的快。尤其是，通过药物获得的轻松只持续几个小时，而一旦一方交代了自己的秘密，另一方也试着去理解他的痛苦，他就不再是同一个人了，他就被彻底改变了。

当伤者因为感到自己和自己的过去为人所接受而重新变得完整且前后一致时，他身边的人会感到出奇的放松。当地穴被翻开，幽灵便会返回洞中。在耶路撒冷，一个由两千名高中生组成的群体中，心理障碍者的比例并不比参考人群高，尽管他们的父母被送进了集中营[3]。生活在巴黎的相同儿童群体就不是这样了[4]。几乎所有受伤的父母都把因秘密而产生的焦虑性障碍传给了自己的孩子，因为在一个不接受其悲剧的文化中，他们只能三缄其口。同样地，在一个利用其痛苦的文化中，不得不展示于人前的受伤父母也几乎都把创伤导致的焦虑传给了自己的

---

① G. W. BROWN, T. HARRIS, *Depression in Life Events and Illness*, New York, Guilford Press, 1988.

② J. A. FLAHERTY, R. KOHN, I. LEVAY, S. BIRZ, *Comprehensive Psychiatry*, New York, vol. 29, n° 26, 1988.

③ V. LAST, H. KLEIN, « Impact de l'Holocauste: transmission aux enfants du vécu des parents», *L'Évolution psychiatrique*, n° 462, 1981, p. 373-388.

④ N. ZAJDE, *Souffle sur tous ces morts*, 1997, Paris, Odile Jacob.

孩子。

当三十到四十岁的俄国老兵从阿富汗返回国家后，社会残酷地封住了他们的嘴巴。十八岁参军去打一场毫无意义的仗，回国后的他们非残即伤，却要被迫沉默。没有残疾补助，没有免费医疗，没有文凭，没有社会化。就像那些参加了越战的年轻美国兵，当他们想要作证的时候，民众和医生都指控他们撒谎或假装障碍①。

这种社会欺诈先是把年轻人派去送死，去承受极端的痛苦，之后又抛弃他们，叫他们闭嘴，好让那些待在家中的人不会感到不自在。这与“阿尔及利亚的警察行动”中被遗忘的那些人极为相似。没有人谈论战争，也不给他们开设医疗中心，没人帮他们，甚至反过来指控他们以度假为名去保卫侨民利益。他们孤独无助，这本就加剧了他们和家人的障碍，而在类似情况中屡见不鲜的还有否定主义对其苦难的冷嘲热讽。

我们弄错了病人。要想让伤者减轻痛苦，首先要治疗的不是他，而是我们的文化

以上所有证据都促使我们指出：要想让伤者不再痛苦，要想让被截肢者重新行走，要想让伤者身边的人不再莫名地感到焦虑，须要改变我们的文化。

在那些有利于伤者重新振作的防御反应中，创造性活动是非常好的工具，能让伤者参与到文化活动当中。伤者不说话的时候，我们觉得他们奇怪，称他们为“伪君子”；而伤者讲话的时候，某些雅士又会说他们在炒作苦难。夹在推动他们讲话的内部需要和强迫他们闭嘴的外部力

① N. MONBET, *ONG Santé-Sud*, Marseille, 1998. F. SIRONI, Association Primo Levi, Paris.

量之间，心理受损伤之人常常发现创造性活动是他们最佳的表达方式。

我们并不是要解释创造天才是哪来的，我们想要展示的是“哪些因素对他有激励作用，命运又给他安排了哪种材料”①。创造力很容易就被看作一种天赋，近乎于神力，如同一种超自然的“心理加成”：创造者近乎于超人。相反，是因为有了失去、缺席和哀悼才让伤者不得不去用想象填充心灵上的空虚，因为不这样做他就会感受到来自死亡、虚无和无穷的焦虑。正是因为由失去导致的空虚使人晕头转向，才要用符号创造的意象去替代失去的对象，用简单化的图像和词语去填充因失去而产生的空虚。安德烈·艾纳尔说“人类文明自襁褓时就有”② 让死人复生，让伤者重拾生活乐趣的需要。

为了与彻底的失去，即死亡所导致的绝望进行抗争，图像应运而生。这也是为什么，最早的艺术形式是墓葬艺术，而后来的绘画也会表现葬礼和复活。因为逝者的印记在我们的心中依然鲜活，图像便能重新给他生命。摩纳哥兰尼埃亲王就是如此。在妻子的葬礼上，他目不转睛地望着妻子的遗像，而盛在棺材里的妻子遗体就在他身边。通过持续地看着死者的面容，亲王将丧妻的绝望转变成了一种旨在让她多活一会儿的痛苦乐趣。

因为怕黑，我们才想要照亮未知的世界。因为害怕母亲离开，我们小时候才臆造了娃娃。同样也是因为害怕创伤再度来袭，我们才要做出努力，让它永不再来。思念之苦、失去之痛都让我们不得不去使用符号。艺术能叫死人复活，哲学能包扎伤口。“创造者群体中有大量的孤儿或幼年离开父母者，这是一个显著的事实。”③ 巴尔扎克、钱拉·德·奈瓦尔、维克多·雨果、欧内斯特·勒南、阿蒂尔·兰波、乔治·

① S. FREUD, *Essais de psychanalyse appliquée*, Paris, Gallimard, 1933.

② A. HAYNAL, *Dépression et créativité. Le Sens du désespoir*, Lyon, Cesura, 1987.

③ A. HAYNAL, *Dépression et créativité. Le Sens du désespoir*, Lyon, Cesura, 1987.

桑、佐拉、波德莱尔、亚历山大·仲马、司汤达、莫泊桑，十九世纪伟大作家中有一多半属于这种情况。创造活动有填堵缺口、修补伤口的作用，让人能完整地重新做回自己。哀悼与创造是紧密相连的，因为失去让人不得不去想象已经看不到的人或事。创造力不是大脑或分子的能力，因为它完全与伤-创者（blessé-créateur）的历史相连；伤-创者想要活下去，就要复原已失去的对象，也就是弗洛伊德所说的“与死亡和解”①。

这或许就是为什么，让人咬紧牙关的伤痛一经说出便会具有戏剧化的形式。所以，将痛苦付诸词语总是遵从一出好戏的规则②：

— 作者说明其叙事身份：“我，基督山伯爵，受到了不公正的监禁。”

— 情节：“我正被关在伊夫堡这座海上监狱中，突然……”

— 目标：“君子报仇，二十年不晚。”

— 剧场：“瞧一瞧，看一看，看一看我是怎么在十九世纪新生资本主义的舞台上完成我的复仇的。”

— 手段：“我要用我的社会成功来惩罚他们。”

舞台上主角战胜考验所具备的所有要素在现实中都能找到。实际上，这部戏剧或小说的主题就是由作者受到的打击提供的。就像让-保罗·萨特在评论让·热内时说的那样：“［…］证明才华并非天赐，而是绝望时想象的出路……详尽追述一段个人解放史。”③

我们今天也是一样，因为从人类思考死亡、用艺术品与之针锋相对起，这就是一个基本的防御手段：“［…］总是有人面色阴沉地问，奥斯威辛之后还能写诗吗……其实，对于有文学才能的幸存者来说，要真是

---

① S. FREUD, *Métapsychologie*, 1915; Paris, Gallimard, 1952.

② J. BRUNER, … *car la culture donne force à l'esprit*, Paris, Eshel, 1991, p. 63.

③ J.-P. SARTRE, *Saint Genet, comédien et martyr*, Paris, Gallimard, 1952.

有什么事是不可能的，那就是不把故事写出来。他们有讲述的需要……他们需要为死难者作证，使其免于被遗忘的命运……他们要为死难者提供叙事上的帮助这一迫切需要依然属于诗的范畴。”① 与死亡进行的一切斗争，也就是一切生命意识都要人与诗为伍：“［…］没有艺术［…］我们对在奥斯威辛或者在科雷马发生的一切的亲身理解便会永远被划去。”②

让-保罗·萨特、阿兰·芬基尔克罗和亚历山大·索尔仁尼琴都同意把话语权交给心理受伤的人。但是简单的临床故事或未经加工的描述是不足以使伤口复合、令死人复活的。

做过这种尝试的人叫作波里希内尔。这个滑稽人物于 1649 年在那不勒斯出生前，所有人都看到了他母亲日渐隆起的肚子。邻居们都说她怀孕了，只有她自己不愿接受现实。因此波里希内尔妈妈隐姓埋名生下了孩子，新生儿也过早地患上了抑郁。接下来，孩子在身高体重上均发育迟缓，背部脊柱后侧凸起明显。由于从来没有得到过母亲的爱，他觉得不会有女人爱他。因此，为了说服自己会有女人，每当他看到女人，都会穿上滑稽的服装，在对方面前边跳边弹曼陀林。由于不管自己说的话会对对方产生什么影响，波里希内尔想到什么就说什么，他认为所有真话都应该讲出来。随着因乱说话而不断地挨揍，他决定闭嘴。可是因为他不会考虑对方，所以他什么秘密都守不住，总是会露出蛛丝马迹让谜团曝光，以至于所有人都偷着谈论秘密。以上是米歇尔·苏莱对这个人物的来龙去脉的介绍③。

---

① A. FINKELKRAUT, *L'Humanité perdue. Essai sur le XXe siècle*, Paris, Seuil, 1997, p. 112.

② A. SOLJENITSYNE, «Discours de Stockholm», *in Les Droits de l'écrivain*, Paris, Le Seuil, 1997, p. 108.

③ M. SOULÉ, «Le secret de Polichinelle», *in Secret maintenu, secret dévoilé, op. cit.*, p. 109–124.

今天之事也大致如此：每当人们强迫受害者交代秘密，他受秘密之苦便更甚。对他身边的人来说，悲剧从此也就成了受侵害之人的标签，成为他的整个人格，甚至是整个历史的“解释”。一位因揭露自己的秘密而获得文学成功，进而又成为这种成功的受害者的年轻女士对我说：“自从我承认自己是乱伦的受害者，就成了乱伦的受害者。相较于保守秘密的那个时期，现在这个身份更加紧紧地贴在我身上了。”

那么，在如此多相互冲突的需要之中，如何才能让自己的情绪溜出去呢？埃利·威塞尔曾言：“我是闭嘴不可以，说又不可能。”① 当我闭嘴的时候，秘密让我人格分裂，将我解体，同时它也令爱我的人情绪变质。但是当我直截了当地讲出来的时候，如果讲的是事件和感受，别人的编排又会给我打上烙印，别人的眼神又会使我异化，让我变得从未有过地脆弱。那么，为了“不让他们的沉默和我的沉默震耳欲聋［…］我选择写作：我写作是因为我们曾在同一个世界生活，因为我曾是他们的一分子，是他们影子中的一个影子，身体旁的一个身体；我写作是因为他们给我留下了他们不可磨灭的印记，而伤便是这印记的书写”②，痛并快乐着的乔治·佩雷克如此写道。

创造力也许是痛苦的女儿，但这并不意味着痛苦是一切创造之母

为什么受虐待儿童会如此轻易地想到这种防御手段：小一点的画画，大一点的写字。铅笔和钢笔对我们的保护远胜过行动主义、报复、孤立或倒退。写作这种活动集数量最多的防御机制于一身：理智化、幻想、理性化和升华。它同时可以让人肯定自己、识别自己，将自己置于

① E. WIESEL, *Tous les fleuves vont à la mer*, mémoires I, Paris, Seuil, 1994.

② G. PEREC, *W ou le souvenir d'enfant*, *op. cit.*, p. 58.

一个荣耀的谱系，尤其是让人接受真实的自己，包括自己的伤痕，因为所有作家都是写给理想读者的。

创造力是痛苦的女儿吗?① 折磨难道只是艺术作品的养料？据说曾经有个年轻男子问安德烈·纪德："我要怎样做才能成为作家?"大师回答说："去工厂。"靠幸福是写不出东西的。但是战胜了一次考验就足以写出一章，甚至是一部书了吗?

为了阐明这个观点，两组作家被召集在一起②：先对某作家协会的五十九名女作家进行询问，再对同一组年龄、教育程度和家庭环境相似的女性进行比较。研究通过性格问卷、诊断指标评估和生活方式信息比较了两组人可比较的方面。对结果的分析显示，女作家群体中精神障碍患者要比另一组高两倍。她们当中没有精神病，因为要想写一本书，就要懂得规划想法、积累笔记和掌控现实。不过有 56% 的人有复发性抑郁症，有各种形式的焦虑，慢性的或是急性的，而且还有不同类型的饮食行为障碍，如厌食、食欲过盛、酗酒和吸毒。

对男作家所做的同样的研究给出了类似的结果，但是酗酒和不稳定的情况更为严重。由于心理伤害往往来自家庭和社会环境，研究人员通过对其周围环境进行深入研究，发现上述群体的一个规律：大量女作家在十三岁以前遭受过性暴力。两组作家中一大部分遭受过虐待。许多作家深爱的母亲是有心理痛苦的。因为有账要算，因为内心迫切想要表达自己的悲剧，许多人走上了创作道路，笔耕不辍。但这不是说反之亦然：遭受虐待不是成为作家的必要条件。

我们对儿童痛苦的原因还知之甚少。在一个过度宠溺的环境中，因为没有事件发生，儿童处在一种情感软禁的处境里，这使他没有能力面

---

① M. WEILL, «Le blues des femmes de lettres», *Abstract Neuro-Psy*, n° 130, 15-30 avril 1995.

② A. M. LUDWIG, «Mental illness and creative activity in female writers», *American Journal of Psychiatry*, n° 151, 1994, p. 1650-1656.

对任何新鲜事物。成年人并不觉得这是会造成创伤的环境，可是对儿童来说，这种环境是个十足的考验。普鲁斯特和弗洛伊德是在他们各自的父亲去世后才开始写作的，因为随着这个无所不在的形象的消失，内心的空虚感促使他们创作。似乎对这些幸福的儿童来说，失去使他们从某种负担中解脱出来，再迫使他们用想象来填充空缺，正如同亲人的死去会促使我们设计仪式和建造陵墓。迫使人去想象的不是打击之苦，而是打击后的空虚之苦。夏多布里昂受严厉教育之苦，但是他创作的原因不是这种苦，而是由这种苦产生的忧郁使他孤独。他可以这样写："确定的是，这种过于严厉的教育给我的情感印上了忧郁的特征，这种特征在我还在弱小、冒失和快乐的年纪时就从我习惯性的痛苦中出现了。"①塔列朗也如此回忆道："那时的我感到孤独无助［…］幼年期的胡思乱想给我的［…］就是深思的习惯；倘若当时的生活中只有让我感到满足的各种小理由，我可能就不会想得那么深了。"

像疯子一样梦想，以便填补缺失。不梦想，毋宁死

这也解释了为什么幼年被母亲抛弃，后被送进救助机构的儿童不顾一切地需要幻想一个替代者：通过"我也有妈妈"这句话，孩子告诉自己"我跟别人一样"。包括这种常见的游戏："你就像我的妈妈一样"这句话能让孩子体会到有妈妈的感觉。有父母的孩子玩"过家家"，而孤儿需要想象出一个戏剧场景才能让另一个大人登上舞台，"就好像我的妈妈一样"。幻想替代母亲时，儿童分两步完成创作：第一步先要在一个平静的内心世界里恢复安全感，第二步才会让他克服

① R. de CHATEAUBRIAND, *Mémoires d'outre-tombe*; TALLEYRAND, *Correspondance*, *in* Y. C. BLANCHON, « Les états dépressifs de l'enfance », *Abstract Neuro-Psy*, n° 174, 30 novembre-15 décembre 1997.

不可避免的分离[1]。母亲这一对象的重构会将分离废除。好处是立竿见影的，因为儿童通过一次他很快就会爱上的想象创作得到了安宁："我喜欢做梦……我喜欢写作……我喜欢想象戏剧场景。"这都是这些小艺术家喜欢说的。但是这种令人舒服的防御手段设置了一个人际关系的陷阱，因为儿童给了另一个人在他母亲的位置上做他母亲的权力。然而在现实中，并不是所有女人都是想做妈妈的，至少不愿意只是妈妈。这样一来，在内心剧场想象了一个母亲之后，孩子在长大的过程中还要在现实里再找一个母亲。想象的母亲帮助孩子承受真正母亲的缺失，但在这之后，随着他的成长，年轻的母爱匮乏者还要学着与另一个女人建立关系。因为他从没有机会学习如何爱真正的母亲，便被迫不断地创造和学习，先是在想象之中，进而应用于现实。这种心理路径与通常的程序截然相反。

1940 年战争期间，小斯坦尼斯拉斯四岁。一天晚上，他在他漂亮的家里睡着觉，突然轰炸声音把他吵醒，他家的房顶塌了下来，砸死了所有人。他非常惊讶自己没有痛苦，为自己还活着感到有点羞愧，也因为轰隆声之后的寂静和周围巨大的空洞感而不知所措。呼喊、哭闹，甚至是寻找别人的眼神都是徒劳的。一个人都没有。他躺了很久，眼睛望着天，一片空洞。近三年的时间，他不讲话，勉强活着而已。他七岁时，华沙的重建工作开始了。泥瓦匠先是用他们绘制过的木头架起了布景，用图像表现他们真实的重建意图。这个布景让小斯坦尼斯拉斯重新燃起了希望。他想："我也要这样。"紧接着，他便开始着了魔一样地幻想："等我长大了，我要做这个和这个。"他也重新开始讲话，讲他白天幻想的各种事情。就像华沙的布景，这些幻想给了他无比欣喜的希望。被打

① C. MIOLLAN, «Quand l'enfant abandonnique crée», *Le Journal des psychologues*, n° 95, 1992, p. 50.

碎的现实已成为次要，斯坦尼斯拉斯行走在云端，他住在由自己不断创造的梦想之中惬意地微笑。被安置在一间冰冷忧伤且接纳了一千名儿童的救助机构中，他不觉痛苦。因为照顾小孩的人手不够，几年间几乎没有成年人同他讲话。只有在挨打时才会与成年人接触，因为在例行的放风时，大人要求小孩光着脚有秩序地在雪地中走。公共食堂喧闹异常，但是饭菜简单清淡。孩子们都想做“清理餐桌的杂役”，因为饭后拿湿抹布擦桌子的人靠刮桌面能多吃一把面包屑和一撮残羹。斯坦尼斯拉斯将这种加班视为快乐，这对他来说是一件幸福的事，也是一出小闹剧。夜晚来临，一百张床一间的宿舍里异常寒冷，唯一一名看守睡觉的地方与孩子们的大间用拉起的床单隔开。看守为了早点睡觉不断恐吓孩子们。斯坦尼斯拉斯非常喜欢独自躺在冰冷床上的这个时刻，因为每天晚上，在半睡半醒之间，他都与他的梦想有约。

几乎所有拥有复原力的儿童，都凭借着幻想给人以温暖的惊人能力承受了打击，在这个充满寒冷、伤悲和饥饿的世界里，他们仍然获得了幸福。幻想给人的这些与周围现实世界相脱离的幸福时刻总是将同一情节制成影像：孩子独自一人，在大人充满仇恨的世界之外找到了美好的藏身之处，一块情感的天堂。每天夜里，斯坦尼斯拉斯都在光秃的森林中前行，所有树木都不怀好意，它们想要缠住他，用带刺的枝伤害他。但是这孩子在一棵空心的树干上找到了一扇隐形的门。他穿过一小段地道，在远离人世间的地底下，一群美不胜收的奇妙动物在等着他。晚会随即开始，有跳跃的雌鹿，有好玩的雪橇犬，甚至还有水族缸以万千鲜艳的颜色照亮这地下世界。

罗马尼亚孤儿院里的小塞尔邦在二十年后找到了同样的防御机制。他那时住在一间有六十张床铺的房间里，没有人讲话。他的一些小伙伴不停地晃动身体，每晃一下，床都会挪动几毫米。晚上，几个被迫照顾这些孩子的“受罚女人”便开始大声喊叫，因为那几张挪动的床已经穿过了大房间。塞尔邦拒绝清洗身体，因为干在他身上的脏物能保护他不被强奸。就算这样，他的微笑也总是挂在脸上，因为在他的内心世界里，他的家是一片蓝色的礁湖。他划着独木舟，去往只有他知道的地方。他潜入水底，跨越两个不透水的闸室，随即进入一个类似玻璃罩起的空间，里面温暖亮丽，能见到奇特的快乐动物。晚会随即开始。

弗洛伊德认为幸福的人不需要梦，现实就能令他满足。萨特提到梦想之物的“本质性贫乏”，总是转瞬即逝①。但是与小斯坦尼斯拉斯和小塞尔邦一样，巴什拉说：“会幻想的人沉浸在梦想世界的幸福当中，沉浸在幸福世界的安逸当中。”②

当然，幻想是对现实的逃离，可是当现实疯了的时候，自保也是必要的。只有会做梦的孩子才能自救。其他的孩子，因为与现实相适应，向饱受蹂躏的世界妥协，只会沉浸在悲伤、贫瘠、即时因而没有含义的信息当中。面对这样一个世界，绝望才是最恰当的应答。只用迹象和信号是作不了诗的。要有符号、图像和故事才能用我们想象出的意象重新加温心中美好甚至是幸福的感觉。斯坦尼斯拉斯和塞尔邦不仅通过幻想承受住了令人绝望的现实，还对那个奇幻世界进行了大量投入。他们的世界一分为二，一边是萎靡才能适应的现实世界，另一边则是温暖、多彩和充满柔情的内心世界。这就是为什么，在噩梦般的宿舍里，将与美梦重聚的两个孩子可以微笑着睡去。

所有少爱的孩子都因空缺而生活在障碍的环境中，空缺的模糊性促使他们从事创造性活动。雷蒙·格诺曾自问：“我如何才能照亮这片阴影晃动的荒诞雾霾？”③ 幸存于荒诞雾霾之中的人如果不想堕入绝望就

① S. IONESCU, M. M. JACQUET, C. LHOTE, *Les Mécanismes de défense. Théorie et clinique*, Paris, Nathan, 1997, p. 249.

② G. BACHELARD, *La Poétique de la rêverie*, Paris, PUF, 1960.

③ R. QUENEAU, *Exergue*, *in* G. PEREC, *W ou le souvenir d'enfance*, *op. cit.*

影响。

这一概念由心理学家创造，如伦敦的 M. Rutter、美国的 E. E. Werner、N. Garmery 和 G. E. Vaillant。

一些人种学家如 J. Bowlby、R. Spitz、L. Sroufe、J. Suomi、M. Ainsworth 和 E. Tronick，通过实验观察和有关发展和适应心理学的理论，支撑了有关复原力的研究。

A. S. Masten 是最先将复原力与幽默建立起联系的学者之一，而 E. Grotberg 也将乐观概念重新引入心理学。

一些精神分析师的研究为复原力概念做了准备。M. Mahler、A. Freud 和 L. Shengold 通过从综合征研究转向成长支柱研究，创立了精神病理学的成长研究角度。在儿童精神病学中，这一研究角度的有效性得到了 E. J. Anthony 和 C. Chiland 这样的临床医生的证实。

B. Inhelder 将皮亚杰的理论应用于非典型发育的情况中，得到了认知学家、心理医生、精神病医生、神经科医生和儿童医生们的响应，其中有 D. Hofstadter、B. Kaplan、C. Izard、D. Ciccheti、J. Kagan、J. Bruner、J. Rolf、S. Weintraub 和 A. Sameroff。

在魁北克，在 M. Lemay 和 M. Toussignant 的推广下，复原力概念的扩张势头正猛。

在英国，P. Fonagy 正在设计婴儿复原力的研究。法国方面，在 S. Lebovici 和 B. Golse 领导的世界婴儿心理健康协会的框架下，A. Guedeney 也在进行同样的研究。

在荷兰，范·里尔基金会是最早支持非洲和拉丁美洲幼儿复原力研究专家进行田野研究的机构之一。

瑞士的 A. Haynal、德国的 F. Lösel 和黎巴嫩的 C. Baddoura 均对大孩子们的复原力进行了细致说明。

在瑞士，S. Vanistendael 与天主教儿童事务国际办公室一道，在参考了多国科学家和实践人员的研究及实践后，发展了复原力概念。

在日内瓦，M. Mc Callin 将世界各地的战地医生聚集起来，帮助那些为成年人的荒唐罪行买单的儿童。

在拉丁美洲，许多实践人员，如智利的 M. A. Kotliarenco 和 S. Romero、阿根廷的 N. S. Suarez Ojeda、秘鲁的 S. Panez 和巴西的 C. Montevicente 都将复原力概念应用于实践。

在法国，像 M. Manciaux、S. Tomkiewicz、M. Duyme、N. Loutre du Pasquier、A. Dumaret 和 B. Cyrulnik 这样的研究人员和医生也在做着同样的事情。

一些国际协会向田野实践人员和研究人员提供帮助，如世界难民儿童组织支持的 M. R. Moro、罗马尼亚精神健康联盟支持的 A. Pidolle，以及世界医生协会和无国界医生组织。

一些国际机构在其日常活动的框架之下，也参与了这些研究，如联合国儿童基金会法国委员会、儿童基金会、“大写的童年”和法国精神健康联盟。这些机构向田野研究提供资金、组织见面会，目的是将复原力变成可以应用的概念。

美国多家期刊，如 *American Journal of Psychiatry*，*The Journal of Consulting and Clinical Psychology*，*The Journal of the American Academy of Child and Adolescent Psychiatry*，也对复原力进行了专题讨论。*Development and Psychopathology* 期刊更是专门致力于对复原力概念的探讨。

很遗憾，我们无法列出目前研究复原力问题的所有作者、文章和书籍。然而遗憾之余，这也充分说明了复原力概念的重要性。这种成长角度的研究，通过强调精神分析和皮亚杰的观点，以及社会心理学的角度，有利于融合如神经科学、心理生物学、遗传学、行为研究等不同学科。

这种融合态度阻止了与完整人类的临床研究不相符的二元对立，重新给心理科学带来了一丝希望。

参考文献

ABALAN F., BOURGEOIS M., « Les conséquences neuropsychiques de la déportation», *Synapse*, 119, 1995.

ABRAHAM N., TOROK M., *L'Écorce et le Noyau*, Paris, Flammarion, 1987.

ANATRELLA T., «Incestes», conférence au *Vendredi de Châteauvallon*, 1995.

ANDRÉ C., LELORD F., LÉGERON P., *Le Stress*, Paris, Privat, 1998.

ANZIEU D., *Le Moi-Peau*, Paris, Dunod, 1985.

ARENDT H., *La Condition de l'Homme moderne*, Paris, Calmann-Lévy, 1961.

AURIAT N., «Les défaillances de la mémoire humaine», *Cahier INED*, n°136, 1996.

BADDELEY A., *La Mémoire humaine. Théorie et pratique*, Paris, Presses universitaires de Grenoble, 1993.

BADDOURA C. F., « Traverser la guerre», *in* CYRULNIK B. (Dir.), *Ces enfants qui tiennent le coup*, Paris, Hommes et perspectives, 1998.

BAILLY L., *Les Catastrophes et leurs conséquences psychotraumatiques chez l'enfant*, Paris, ESF, 1996.

BASSITCHE A., « L'évolution des relations familiales comme indicateur de changement social en Côte-d'Ivoire », *Bulletin de l'Association française de Psychologie et de Psychopathologie sociale*, printemps 1991.

BAUMANN D., *La Mémoire des oubliés*, Paris, Albin Michel, 1988.

BEAUREPAIRE R. de, « Les mémoires traumatiques de Rachel Yehuda »,

Dépression, 10, janvier/février 1998.

BEAUVOIS J. L., *Traité de la servitude libérale*, Paris, Dunod, 1994.

BEN-PORATH Y. S., *Issues in the psycho-social adjustment of refugees*, Minnesota, National Institute of Mental Health, 1987.

BENIGNI R., CERAMI V., *La vie est belle*, Paris, Gallimard, coll. «Folio», 1998.

BERRY J. M., KIM V., MINDE T., MOK D., «Comparative Studies of acculturative stress», *International Migration Review*, 21, 1987.

BILLETDOUX F., cité *in* ROUX G., LAHARIE M., *L'humour — Histoire, culture et psychologie*, Pau, Société internationale de Psychopathologie de l'Expression et de l'Art-Thérapie, 1998.

BIRCH H. G., GUSSOW J. D., *Disadvantaged Children: Health, Nutrition and School Failure*, New York, Grune and Stratton, 1970.

BLANCHON Y. C., «Les états dépressifs de l'enfance», *Abstract Neuro-Psy*, 174, 30 nov. –15 déc. 1997.

BLOOM A., VANISTENDAEL V., *La Résilience ou le réalisme de l'espérance*, Genève, BICE, Bureau international catholique de l'Enfance, 1996.

BOOTHBY N., «Children of war: Survival as a Collective Act», *in* MCCALLIN M., *The Psychological Will-Being of Refugee Children*, ICCB, Geneva (BICE), 1996.

BOUGNOUX D., «La suggestion. Hypnose, influence, transe», *Colloque de Cerisy*, Le Plessis-Robinson, Les Empêcheurs de penser en rond, 1991.

BOURGOIS P., «Résistance et autodestruction dans l'apartheid américain», *Actes de la recherche en Sciences sociales*, 120, déc. 1997.

BOWLBY J., «La perte — Tristesse et dépression», *in Attachement et perte*, Tome III, Paris, PUF, 1984.

BOWLBY J., « L'avènement de la psychiatrie développementale a sonné », *Devenir*, vol. IV, 4, 1992.

BOYSSON-BARDIES B. de, *Comment la parole vient aux enfants*, Paris, Odile Jacob, 1996.

BRAUNER A., BRAUNER F., *Le Dessin de l'enfant dans la guerre*, Paris, Expansion scientifique française, 1991.

BREMMER J. D., « MRN: based measurement of hippocampal volume in patients with combat-related post-traumatic stress disorder», *Am. J. Psychiatry*, 152, 1995.

BROWN G. W., HARRIS T., *Depression in Life Events and Illness*, New York, Guilford Press, 1988.

BROWN G. W., HARRIS T. O., BIFULCO A., « The long term effects of early loss of parent» *in* RUTTER M., IZARD C. E., READS P. B. (Eds), *Depression in Young People*, New York, Guilford Press, 1986.

BROWNING C. R., *Des hommes ordinaires*, Paris, Les Belles Lettres, 1994.

BRUNER J., *... car la culture donne force à l'esprit*, Paris, Eshel, 1991, p. 63.

BURGELIN C., *Les Parties de dominos chez Monsieur Lefèvre. Pérec avec Freud. Pérec contre Freud*, Circé, 1996.

BURLINGHAM D., FREUD A., *Enfants sans famille*, Paris, PUF, 1949.

CANETTI E., *Masse et puissance*, Paris, Gallimard, 1966.

CARREL A., *L'Homme, cet inconnu*, Paris, Plon, 1935.

COSNIER J., *Le Retour de Psyché. Critique des nouveaux fondements de la psychologie*, Paris, Desclée de Brouwer, 1998.

COUTANCEAU R., *Journées UNESCO*, Paris, Ligue française pour la Santé mentale, 1997.

CRU R., NORTON J., *Essai d'analyse et de critique des souvenirs des combattants édités en français de 1915 à 1928*, Paris, Éd. Les Étincelles, 1929. Rééd. *Témoins et témoignages*, Nancy, Presses universitaires de Nancy, 1994.

CYRULNIK B., « Les enfants sans lien », *in* AÏN J., *Errances*, Toulouse, Eres, 1996.

CYRULNIK B., « La transmission de pensée, ou le comment de la parole », *in* SANTI S., GUAÏTELLA I., CAVÉ C., KONOPCZYNSKI G. (eds), *Oralité et gestualité, communication multimodale, interaction*, Paris, L'Harmattan, 1998.

DAMASIO A. R., *L'Erreur de Descartes. La raison des émotions*, Paris, Odile Jacob, 1995, « Poches Odile Jacob », 2000.

DOLTO F., *La Difficulté de vivre*, Paris, Carrère, 1987.

DULONG R., *Le Témoin oculaire*, École des hautes Études en Sciences sociales, 1998.

DUMARET A., COPPEL-BATSCH M., « Évolution à l'âge adulte d'enfants placés en famille d'accueil », *Psychiatrie de l'enfant*, 2, 1996.

DUYME M., « Les enfants abandonnés: rôle des familles adoptives et des assistantes maternelles », *Monographie française de Psychologie*, Paris, Éditions du CNRS, 56, 1981.

ENJOLET C., *En danger de silence*, Paris, Robert Laffont, 1999.

ENJOLET C., *Princesse d'ailleurs*, Paris, Phébus, 1997.

ERICSON E. H., *Enfance et société*, Neuchâtel, Delachaux et Niestlé, 1982.

FLAHERTY J. A., KOHN R., LEVAY I., BIRZ S., *Comprehensive Psychiatry*, New York, vol. 29, 26, 1988.

FREDEN L., *Aspects psychosociaux de la dépression*, Bruxelles, Pierre Mardaga, 1982.

FREUD A., *L'Enfant dans la psychanalyse*, Paris, Gallimard, 1976.

FREUD A., *Le Moi et les Mécanismes de défense*, Paris, PUF, (1936) 1993.

FREUD A., *Le Normal et le Pathologique chez l'enfant*, Paris, Gallimard, 1965.

FREUD S., «Dora»; *Cinq psychanalyses*, Paris, PUF, 1954.

FREUD S., «L'humour», *in L'Inquiétante Étrangeté et autres essais*, 1927, Paris, Gallimard, 1985.

FREUD S., «Les psychonévroses de défense», *in Névrose, psychose et perversion*, Paris, PUF, 1974.

FREUD S., *Essais de psychanalyse appliquée*, Paris, Gallimard, 1933.

FREUD S., *Métapsychologie*, Paris, Gallimard, 1952.

GRAPPE M., «Troubles psychiques post-traumatiques chez les enfants victimes de guerre; séquelles simples et formes cliniques graves», *La Revue française de Psychiatrie et de Psychologie médicale*, n° 10, septembre 1997.

GROSSMAN V., *Vie et destin.* Lausanne, L'Âge d'Homme, 1980.

GUETTAT J.-L. (dir.), *Pour une prise en charge réelle et réaliste*, L'Essor, ACDIP, Montpellier, décembre 1980.

HAYNAL A. «Les orphelins savent rebondir», *in* Colloque Châteauvallon-Ollioules «Ces enfants qui tiennent le coup», Revignysur-Ornain, Hommes et Perspectives, 1998.

HAYNAL A., *Dépression et créativité. Le sens du désespoir*, Lyon, Cesura, 1987.

HEDLUND E., «L'expérience suédoise du traitement des agressions sexuelles. Quelles difficultés après 20 ans de travail ?», *in* Collectif féministe contre le viol, *Le Viol: un crime, vivre après*, École nationale de la Magistrature, 14 janvier 1995.

HEFTER N., *Si tu t'en sors... Auschwitz 1944—1945*, Paris, La Découverte, 1992.

IONESCU S., JACQUET M. M., LHOTE C., *Les Mécanismes de défense.*

Théorie et clinique, Paris, Nathan, 1997.

JOANETTE Y., LAFOND D., LECOURS A. R., « L'aphasie de l'aphasique », *in* PONZIO J., LAFOND D., DEGIOVANNI R., JOANETTE Y., *L'Aphasique*, Québec, Edisem, Paris, Maloine, 1991.

JOUGLARD J., « *Design drugs and addiction* », *in* AMIN A., LAPRAS P., *3es Journées méditerranéennes de toxicomanies*, Toulon, nov. 1998.

KAUFMAN J., ZIGLER E., « Do abused children become abusive parents ? », *American Journal of ortho-psychiatry*, 52, avril 1987.

KOUPERNIK C., « Plaidoyer pour le cas unique », *Pour la recherche*, 2, mars 1998.

LAFONT M., *L'Extermination douce*, Thèse de médecine, Lyon, 1981.

LANGLOIS G., « Les enfants et les parents d'abord », *Impact médecine*, 30, novembre 1998.

LANI M., « À la recherche ... de la génération perdue », *Le Journal des Psychologues*, mars 1990.

LAPLANCHE J., PONTALIS J.-B., *Vocabulaire de la psychanalyse*, Paris, PUF, 1973.

LAPLANE D., *La Pensée d'outre-mots*, Le Plessis-Robinson, Les Empêcheurs de penser en rond, 1997.

LAST V., KLEIN H., « Impact de l'Holocauste : transmission aux enfants du vécu des parents », *L'Évolution psychiatrique*, 462, 1981.

LEBOVICI S., « À propos des effets lointains des séparations précoces », *Abstract Neuro-Psy*, 145, mars-avril 1996.

LEBRETON D., *Passions du risque*, Paris, Metailié, 1991.

LEGENDRE P., *L'Inestimable Objet de la transmission*, Paris, Fayard, 1985.

LEJEUNE Y., *Le Village d'Enfants en France, 1946, Nouvelle formule Enfance-*

Assistance. Thèse, Liège, Centre de Formation sociale, 1946.

LEMAY M., «La gestion des paradoxes», *in AFIREM*, «Secret maintenu, secret dévoilé», Paris, Karthala, 1994.

LOFTUS E., KETCHAM K., *Le Syndrome des faux souvenirs*, Paris, Éd. Exergue, 1997.

LOUTRE DU PASQUIER N., *Le Devenir des enfants abandonnés*, Paris, PUF, 1981.

LUDWIG A. M., «Mental illness and creative activity in female writers», *Am. J. Psychiatry*, 151, 1994.

MEUNIER J., *Les Gamins de Bogota*, Paris, Métailié, 1989.

MICHAUD Y., «La violence. Une question de normes», *Sciences humaines*, 89, décembre 1998.

MIGNOT C., STRAUSS P., *Étude du devenir à long terme d'une cohorte d'enfants maltraités dans leur première enfance*, Ministère de la Justice, AFIREM, 1991.

MIOLLAN C., «Quand l'enfant abandonnique crée», *Le Journal des Psychologues*, 95, 1992.

MORISSEAU L., «Un aspect psychopathologique de la violence dans la guerre chez l'enfant: le clivage individuel et collectif dans les traumatismes dans le psychisme et la culture», *in* DORAY B., LOUZOUN C., (Dir.), *Les Traumatismes dans le psychisme et la culture*, Toulouse, Eres, 1997.

MORO M.-R., « D'où viennent ces enfants si étranges ? Logiques de l'exposition dans la psychopathologie des enfants de migrants», *Nouvelle revue d'ethnopsychiatrie*, 12, 1989.

MORO M.-R., *Psychothérapie transculturelle des enfants de migrants*, Paris, Dunod, 1998.

NACHIN C., *Les Fantômes de l'âme*, Paris, L'Harmattan, 1993.

NAMER G., *Mémoire et société*, Méridien, Paris, Klincksiek, 1987.

NATHAN T., *L'Influence qui guérit*, Paris, Odile Jacob, 1994.

NIEMETZKY P., FRANÇOIS C., CYRULNIK B., «Le secret sécrète, ou l'éclairage éthologique du secret», *Synapse*, 120, nov. 1995.

PEWZNER E., *L'Homme coupable. La folie et la faute en Occident*, Paris, Odile Jacob, 1996.

PORRET J. M., *Orphelinage et créativité*, Thèse, Genève, 1977.

PROST A, «De la Première Guerre mondiale à nos jours», *in* ARIÈS P., DUBY G., *Histoire de la vie privée*, V, Paris, Seuil, 1987.

PUNAMAKI R. L., «Psychological Reactions of Palestinians and Israëli Children Toward Violence», *in Children in War: Proceeding of the Symposium*, Finland, Siunto Baths, 1983.

QUINTON D., RUTTER M., LIDDLE C., «Institutional rearing, parental difficulties and marital support», *Psychological Medecine*, 14, 1984.

RADKE-YARROW M., SHERMAN T., «Hard growing: children who survive», *in Risk and Protective Factors in the Development of Psychopathology*, New York, Cambridge University Press, 1990.

ROBINSON R, «The present state of people who survived the Holocaust as children», *Acta Psychiatrica Scandinavia*, 89, 1994.

RUTTER M., «Psychosocial resilience and protective mechanisms», *in* Rolf J., Masten A. S., *Risk and Protective Factors in the Development of Psychopathology*, New York, Cambridge University Press, 1992.

SANDLER J., 1985, *in* IONESCU S., JACQUET M. M., LHOTE C., *Les Mécanismes de défense*, Paris, Nathan, 1997.

SOULÉ M., «Le secret de Polichinelle», *in Secret maintenu, secret dévoilé*, Paris, Karthala, 1994.

SOULÉ M., CYRULNIK B., *L'Intelligence avant la parole*, Paris, ESF, 1998.

SPITZ R., «Anaclitic depression», *Psychoanalytic Study of the Child*, New York, 2, 1946.

SPRENGEL R., *in* Fajrajzen, *The Psychological Educational and Social Adjustment of Refugee and Displaced Children in Europe*, Genève, UNESCO, 1987.

STRAUSS P., *Maltraitance: qui, pourquoi, comment?*, *in L'Enfance maltraitée*, Paris, Syros, 1996.

STRAUSS P., Manciaux M., *L'Enfant maltraité*, Paris, Fleurus, 1993.

TISSERON S., «L'héritage insu: les secrets de famille», *in Communications-Générations et filiations*, Paris, Seuil, 59, 1994.

TISSERON S., *La Honte. Psychanalyse d'un lien social*, Paris, Dunod, 1992.

TOUSSIGNANT M., *Les Origines sociales et culturelles des troubles psychologiques*, Paris, PUF, 1992.

VAILLANT G. E., *The Wisdom of the Ego*, Harvard University Press, 1997.

VAILLANT G. E., VAILLANT G. O., «Natural History of male psychological health. A 45 years study of predictors of successfull aging», *American Journal of Psychiatry*, 147, 1990.

VAN CI JSEGHEM H. «Réflexions sur la révélation et la rétractation», *in AFIREM*, *Secret maintenu, secret dévoilé*, Karthala, 1994.

VANISTENDAEL S., «Clés pour devenir: la résilience», Les Vendredis de Châteauvallon, nov. 1998. BICE: Bureau international catholique de l'Enfance, Genève, 1996.

VIGARELLO G., *Histoire du viol XVIe-XXe siècle*, Paris, Seuil, 1998.

VINCENT G., «Guerres dites, guerres tues et l'énigme identitaire», *in* ARIÈS P., DUBY G., *Histoire de la vie privée*, Paris, Seuil, Tome V, 1987.

WEILL M., «Le blues des femmes de lettres», *Abstract Neuro-Psy*, 130, 15-30 avril 1995.

WERNER E. E. , SMITH S. , *Vulnerable but Invincible*, New York, Mc Graw Hill, 1982.

WOLIN S. , WOLIN R. , « Resilience among youth growing until substance-abusing families» , *Pediat. Clin. Morth. Am.* , 42, 1995.

YEHUDA R. , « Low Urinary cortisol excretion in holocaust survivors with post traumatic stress disorder» , *Am. J. Psychiatry*, 152, 1995.

ZAJDE N. , *Enfants de survivants*, Paris, Odile Jacob, coll. « Opus» , 1995.

ZLATINE S. , « Praxis de l'aphasie : au moment de répondre» , *Ornicar*, 33, avril-juin 1985.

Boris Cyrulnik
Un Merveilleux Malheur

图字:09-2023-0054号

图书在版编目(CIP)数据
美妙的不幸 /（法）鲍里斯·西吕尔尼克著；王杨译. -- 上海：上海译文出版社，2025. 6. --（译文科学）. -- ISBN 978-7-5327-9862-9
Ⅰ. B842.6-49
中国国家版本馆 CIP 数据核字第 2025K3A349 号

美妙的不幸
[法]鲍里斯·西吕尔尼克 著 王杨 译
责任编辑/范炜炜 装帧设计/柴昊洲

上海译文出版社有限公司出版、发行
网址:www.yiwen.com.cn
201101 上海市闵行区号景路159弄B座
上海市崇明县裕安印刷厂印刷

开本 890×1240 1/32 印张6 插页3 字数129,000
2025年6月第1版 2025年6月第1次印刷
印数:0,001—6,000册

ISBN 978-7-5327-9862-9
定价:58.00元